JN232927

図解
確率・統計入門

工学博士 野村由司彦 著

コロナ社

まえがき

　天気は，晴れたり曇ったり，雨が降ったりというように，毎日変化するが，これは事前にわかるものではなく，そのときになってはじめてわかるという意味で"不確定"なものである。このように，事前には不確定な形で決定されるとき，確率的に決定されるという。世の中の現象の生起は，ほとんどの場合，事前には不確定なもの，すなわち確率モデルとして表現できることが多い。

　筆者は，人の認識のメカニズムを調べ，それを工学的に実現する技術について関心をもち研究を続けている。認識を簡潔にいうと，観測された値に基づいて対象（一般に"状態"という）をカテゴリ（範疇（はんちゅう），部類，種類などの意味）に対応づける操作といえる。認識という高度に知的な操作においても，観測値そのものが不確定性を含まざるを得ないことが多いし，カテゴリそのものも不確定性を含んでいることのほうが多い。また，現代を支える情報通信の世界でも，不確定性から逃げることはできない。情報というのは，それ自体が不確定で確率的であるからこそ価値がある。情報や通信の世界でなくても，機械，電気，電子，化学，建築，土木など幅広い分野における実際の現場で，例えば，製品の品質管理に際して，確率的に生起する不良発生への対策をせまられる。

　このように，現代の科学・技術に取り組むとき，確率・統計は欠くことのできない重要な道具となる。そして，それを反映してか，世の中を見まわすと，確率・統計の著書は数えきれないほどあるし，良書も多数存在する。しかし，その本質的な意味がきちんと書いてある本は，数式や高度な数学が駆使されており，初学者には敷居が高いというのが実情ではないだろうか？

　一方，初学者を意識した本も多数ある。そこでは，イラストもふんだんに挿入され，読みやすく，わかりやすく工夫されている。しかし，残念なことに，何の問題に使うのか？どのように計算するのか？というレベルでとどまってし

まっている。

　もちろん，"何の"，"どのように"は知識の第一歩である。しかし，"なぜ"がないと真に理解したことにはならないし，適切に確率・統計を応用することはできない。このような意味で深く理解してもらいたいという問題意識が，本書を執筆する気にさせた次第である。したがって，本書の特長は，"何の"，"どのように"という基本の中に"なぜ"をブレンドしたことにある。

　「本書の特長」で説明するように，かなり挑戦的な構成の本になっている。とはいえ，浅学非才の身，誤りも多々あろうと考えられる。忌憚（きたん）なくご指摘いただければ幸いである。

　楽しいイラストは北野泰久氏によるものである。少しでも読みやすいものにしたいとの筆者の意を受けて，多忙な中，快作を描いていただいた。また，グラフやスーパーチャートの作成には掛橋春樹氏にお手伝いいただいた。ここに心からお礼申し上げる。

2004年8月

野村　由司彦

本書の特長

　本書は，道標（みちしるべ）をふんだんに配置した。確率・統計は広範なテーマが積み上げられた学問体系を形成している。このようなとき，学習につまずいたり，学習に際して気になったりするのは，
「いま，自分はどこまで到達したのであろうか？」
「いま，読んでいる内容は本道だろうか？それとも，わき道だろうか？」
「まず，"何に"，"どのように計算するのか"を知りたい。そのあとで，"なぜそうなるのか"にトライしたい」
などではないだろうか？このような疑問に応えることにも最大限の注意を払った。各節の冒頭では，楽しい**イラスト**と，**キューちゃんの質問コーナー**という楽しい会話を配し，イラストを見て，会話を読むだけで，その章または節で扱う内容のポイントが理解できるようにしてある。

キューちゃんの質問コーナー

　　私の大好きな，…打順の決め方は何通りあるのかしら？
　　打順の決め方は，「選手の顔ぶれ×9人の並び方」でいいよね。

　また，以下のようにセクションのレベルを明示するイラストも配している。

おおむね，左から右へと進むに従って，ゴールに近づいていくことがわかるであろう。

同様の主旨で，**補足説明のコーナー**，**ワンポイントのコーナー**を設け，重要ではあるが，読み飛ばすことも可能であることが明示されている。

本書では図を豊富に利用して，直観的に理解することを重視している。本文についても，必要に応じて表形式にまとめ，話の流れが陽に現れるように配慮している。**スーパーチャート**，**スーパーテーブル**は，計算の手順を明示したものである。

なお本書では，t 分布および F 分布における自由度 n を，t^n，F^n の形式で表した。

目　　　次

Ⅰ. 確　率（Probability）

1. 順列と組合せ

1.1 集　　　合 ……………………………………………………………… *1*
1.2 場 合 の 数 ……………………………………………………………… *3*
1.3 順　　　列 ……………………………………………………………… *5*
1.4 組 合 せ ……………………………………………………………… *8*

2. 確　　　率

2.1 事　　　象 ……………………………………………………………… *11*
2.2 確　　　率 ……………………………………………………………… *18*
　2.2.1 数学的確率 ………………………………………………………… *18*
　2.2.2 統計的確率，大数の法則 ………………………………………… *19*
　2.2.3 余事象の確率（"でない"確率）………………………………… *20*
　2.2.4 同じ試行で定義された和事象の確率（"または"の確率）…… *21*
　2.2.5 同じ試行で定義された積事象の確率（"かつ"の確率）……… *24*
　2.2.6 結合事象（異なる試行で定義された積事象）の確率………… *24*
2.3 ベイズの定理 ………………………………………………………… *31*

3. 確率変数と確率分布

- 3.1 離散型確率関数 ……………………………………………… *35*
- 3.2 離散型確率関数の分布関数 …………………………………… *37*
  - 3.2.1 分布関数 …………………………………………………… *37*
  - 3.2.2 独立と従属 ………………………………………………… *38*
- 3.3 離散型確率変数の平均 ………………………………………… *41*
- 3.4 離散型確率変数の分散と標準偏差 …………………………… *47*
  - 3.4.1 分 散 …………………………………………………… *47*
  - 3.4.2 共 分 散 …………………………………………………… *49*
  - 3.4.3 分散の伝搬 ………………………………………………… *54*
- 3.5 連続型確率変数の分布関数 …………………………………… *57*
- 3.6 連続型確率変数の平均 ………………………………………… *59*
- 3.7 連続型確率変数の分散 ………………………………………… *60*

4. 基本的な確率分布

- 4.1 二 項 分 布 ……………………………………………………… *62*
- 4.2 ポアソン分布 …………………………………………………… *69*
  - 4.2.1 ポアソン分布の生い立ち ………………………………… *69*
  - 4.2.2 ポアソン分布の母数 ……………………………………… *72*
  - 4.2.3 ポアソン分布の使いみち ………………………………… *72*
  - 4.2.4 ポアソン分布の確率関数 ………………………………… *72*
- 4.3 正 規 分 布 ……………………………………………………… *75*
- 4.4 カイ2乗分布（χ^2分布）…………………………………… *79*
  - 4.4.1 自由度1のカイ2乗分布 ………………………………… *79*
  - 4.4.2 自由度2以上のカイ2乗分布 …………………………… *80*
- 4.5 スチューデントの t 分布 ……………………………………… *83*

 4.5.1 なぜ, t 分布が必要か？ ……………………………………… *84*
 4.5.2 t 分布の生い立ち ……………………………………………… *84*
 4.5.3 t 分布の定義 …………………………………………………… *88*
 4.5.4 正規分布の標準化（正規化，規格化）とは？ ……………… *88*
4.6 フィッシャーの分布（F 分布）………………………………… *94*
 4.6.1 なぜ, F 分布が必要か？ ……………………………………… *94*
 4.6.2 フィッシャーの分布, F 分布とは？ ………………………… *96*
 4.6.3 F 分布の生い立ち ……………………………………………… *97*

II. 統 計（Statistics）

1. 標 本 理 論

1.1 統計的推論 ……………………………………………………… *101*
1.2 不 偏 推 定 ……………………………………………………… *102*

2. 区 間 推 定

2.1 母平均の区間推定 ……………………………………………… *108*
 2.1.1 区間推定とは？ ………………………………………………… *108*
 2.1.2 t 分布の登場 …………………………………………………… *110*
 2.1.3 母平均の区間推定における自由度の考え方 ………………… *113*
2.2 母分散の区間推定 ……………………………………………… *113*

3. 仮 説, 検 定

3.1 母平均の検定 …………………………………………………… *118*
 3.1.1 統計的検定とは？ ……………………………………………… *119*
 3.1.2 論理学との対比 ………………………………………………… *121*

- 3.2 母平均の差の検定 …………………………………… *127*
- 3.3 分散の比の検定 …………………………………… *133*
- 3.4 分散分析，1因子実験 …………………………………… *138*
- 3.5 分散分析，2因子実験 …………………………………… *145*
  - 3.5.1 問題設定 …………………………………… *146*
  - 3.5.2 視覚的な説明 …………………………………… *147*
  - 3.5.3 検　　定 …………………………………… *149*

4. 曲線のあてはめ（回帰）と相関

付表　数値集 …………………………………… *167*
参考文献 …………………………………… *172*
問題の解答 …………………………………… *173*
索　　引 …………………………………… *178*

I. 確率 Probability

1章 順列と組合せ

キューちゃんの質問コーナー

- 私の大好きな，プロ野球，○△□ズ。選手交代があることも含めて打順の決め方は何通りあるのかしら？
- 打順の決め方は，「選手の顔ぶれ×9人の並び方」でいいよね。
  だから，「すべての順列 = 組合せ × 各組合せでできる順列」となるよね。
- なるほど。それって，「長方形の面積 = 高さ × 幅」ってこと？

1.1 集合

ある特定の条件に合うものを一まとめにしたものを**集合**（sets）という。この集合は，（a）**条件で表す**こともできるし，（b）**要素で表す**こともできる。

例えば，サイコロを振って出る目の数からなる集合を A とすると

(a) $A = \{x | x$ はサイコロを振って出る目の数$\}$ または，
    $A = \{x | x$ は自然数の集合の要素の一つ, $1 \leq x \leq 6\}$
(b) $A = \{1, 2, 3, 4, 5, 6\}$

問 1.1

$2 \sim 8$ までの整数のうち，すべての奇数の集合を A とする。このとき，(1) 条件で表す方法，(2) 要素で表す方法，で A を表せ。

例 1.1

ベン図を使って，第一分配法則を証明せよ。

解 $A \cap (B \cup C) = (A \cap B) \cup (A \cap C)$

【補足説明】 $\cup$ は和を，$\cap$ は積を，$'$ は否定を，$-$ は差を表す。

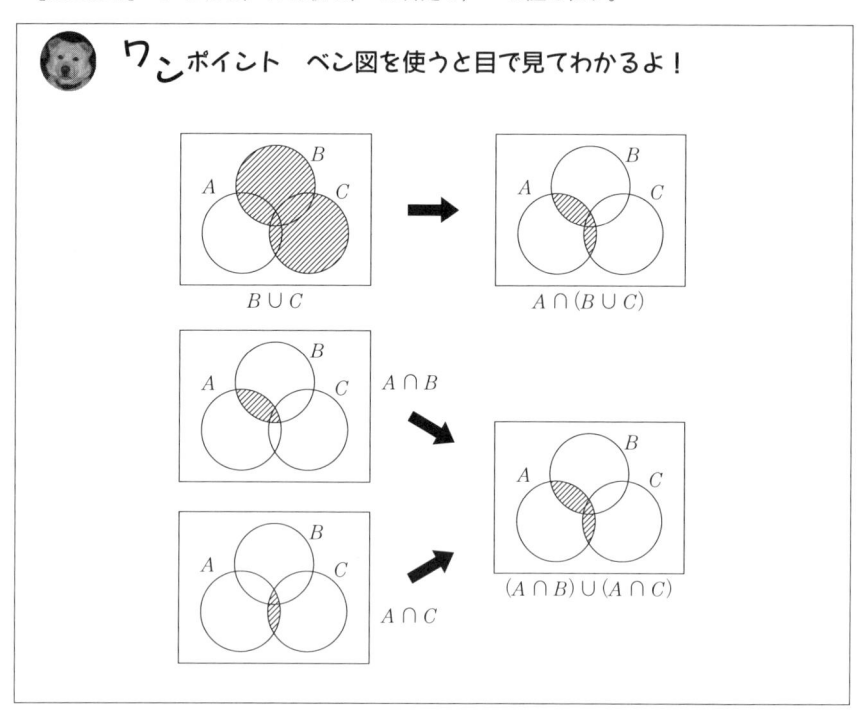

ワンポイント ベン図を使うと目で見てわかるよ！

参 考

和の交換法則 　　$A \cup B = B \cup A$

積の交換法則 　　$A \cap B = B \cap A$

問 1.2

以下を証明せよ。

(1) 和の結合法則 　　$(A \cup B) \cup C = A \cup (B \cup C)$

(2) 積の結合法則 　　$(A \cap B) \cap C = A \cap (B \cap C)$

(3) 第二分配法則 　　$A \cup (B \cap C) = (A \cup B) \cap (A \cup C)$

(4) ド・モルガンの第一法則 　　$(A \cup B)' = A' \cap B'$

(5) ド・モルガンの第二法則 　　$(A \cap B)' = A' \cup B'$

1.2 場合の数

まず，二つのサイコロ，AとBについて，目の出方をすべて列挙してみよう。AとBの組合せで一つの**場合**となっていることに注意しよう。各場合を $(2, 3)$ のように，(サイコロAの目，サイコロBの目) と表す。この表記にしたがって，すべての場合を列挙すると，以下のように，6×6 で 36 通り存在することがわかる。このように複数の出来事を組み合わせたとき，**場合の数**はそれぞれの出来事に対する場合の数を掛け合わせることによって求められる。

$$
\left.\begin{array}{cccccc}
(1, 1) & (1, 2) & (1, 3) & (1, 4) & (1, 5) & (1, 6) \\
(2, 1) & (2, 2) & (2, 3) & (2, 4) & (2, 5) & (2, 6) \\
(3, 1) & (3, 2) & (3, 3) & (3, 4) & (3, 5) & (3, 6) \\
(4, 1) & (4, 2) & (4, 3) & (4, 4) & (4, 5) & (4, 6) \\
(5, 1) & (5, 2) & (5, 3) & (5, 4) & (5, 5) & (5, 6) \\
(6, 1) & (6, 2) & (6, 3) & (6, 4) & (6, 5) & (6, 6)
\end{array}\right\} \text{Aについて6通り}
$$

$\underbrace{\qquad\qquad\qquad\qquad\qquad\qquad}_{\text{Bについて6通り}}$

では，さらにこの中で，目の数の和が 4 となる場合の数を考えよう。

場合の数は，つぎの図のように 3 通りある。今回も二つのサイコロの目の出方を考えたのだが，一方の目の出方によって他方の目の出方を変えなければ条件を満たすことはできない。このようなときには，単純に掛け合わせるわけにはいかないことに注意しよう。

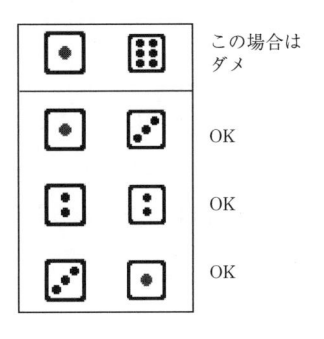

さて，ここで少し難しい問題を考えよう。まず，「サイコロAの目が4以下」，"かつ"「サイコロBの目が3以下」というとき，場合の数はどのようになるのだろうか？

これは，両者の場合の数の積，すなわち $4 \times 3 = 12$ と求められる。

これに対して，「サイコロAの目が4以下」，"または"「サイコロBの目が4以下」というような問題に対しては，場合の数はどのように求められるのだろうか？

ワンポイント　すべての場合を図示しよう！

```
(1, 1)  (1, 2)  (1, 3)    (1, 4)  (1, 5)  (1, 6)
(2, 1)  (2, 2)  (2, 3)    (2, 4)  (2, 5)  (2, 6)
(3, 1)  (3, 2)  (3, 3)    (3, 4)  (3, 5)  (3, 6)
(4, 1)  (4, 2)  (4, 3)    (4, 4)  (4, 5)  (4, 6)

(5, 1)  (5, 2)  (5, 3)    (5, 4)  (5, 5)  (5, 6)
(6, 1)  (6, 2)  (6, 3)    (6, 4)  (6, 5)  (6, 6)
```

サイコロAの目が4以下 → 24通り

サイコロAの目が4以下，かつ，サイコロBの目が3以下 → 12通り

サイコロBの目が3以下 → 18通り

アッそうか！

サイコロAの目が4以下，またはサイコロBの目が3以下の場合の数 ＝ サイコロAの目が4以下の場合の数 ＋ サイコロBの目が3以下の場合の数 － サイコロAの目が4以下，かつ，サイコロBの目が3以下の場合の数

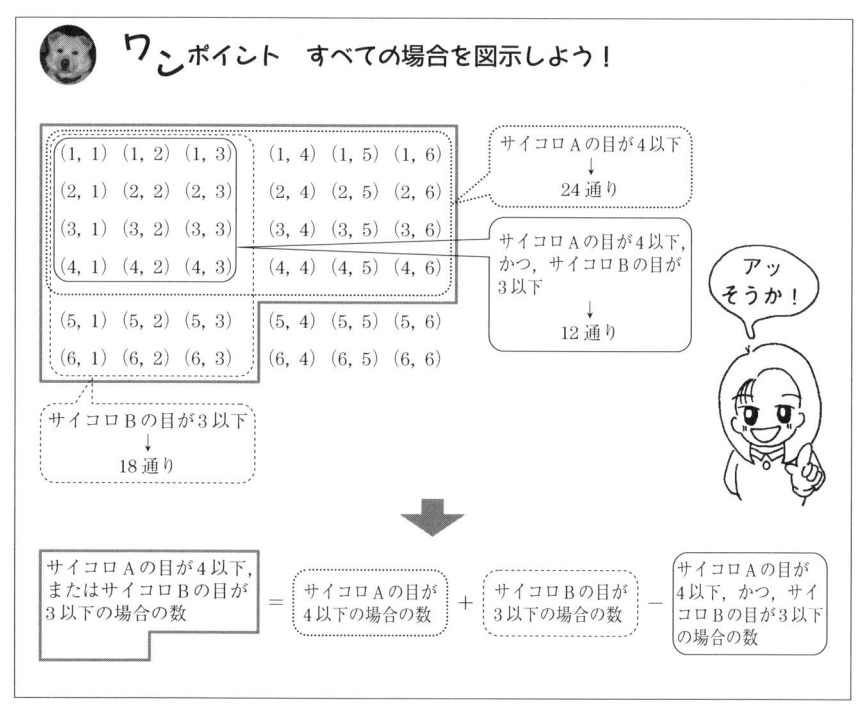

図示した範囲は，ワンポイントの下段に示した式のような関係になっていることに注意しよう。したがって，$24 + 18 - 12 = 30$ 通りとなる。ここでは，一部が重なっている二つの集合の和集合を求める計算と同様であることに注意しよう。

$$A \cup B = A + B - A \cap B$$

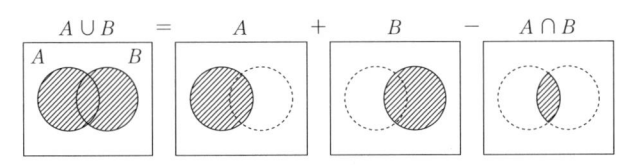

$A = \{a, b\}$, $B = \{1, 2\}$ とする。A から取り出された一つの要素と，B から取り出された一つの要素との組，例えば，$(b, 2)$ を考える。**直積集合 $A \times B$** とは，このようにして A と B から得られるすべての組を要素とする集合 $\{(a, 1), (a, 2), (b, 1), (b, 2)\}$ のことである。

例 1.2

$A = \{a, b\}$, $B = \{1, 2\}$, $C = \{2, 3\}$ とするとき，和集合 $B \cup C$，および直積集合 $A \times (B \cup C)$ を求めよ。

解 和集合は
$$B \cup C = \{1, 2, 3\}$$
となる。直積集合は
$$A \times (B \cup C) = \{(a, 1), (a, 2), (a, 3), (b, 1), (b, 2), (b, 3)\}$$

問 1.3

$A = \{0, 1\}$, $B = \{2, 3\}$, $C = \{0, 1\}$ とする。直積集合 $A \times B \times C$ を求めよ。

1.3 順列

3枚のカード $\boxed{1}$, $\boxed{2}$, $\boxed{3}$ を並べて，$\boxed{1}\boxed{2}\boxed{3}$ や $\boxed{1}\boxed{3}\boxed{2}$ などの整数を作ろう。このようにして得られる並びのことを**順列**（permutation）という。

では，このようにして得られる順列の数を考えよう。先頭の百のけたには3通りのカードを配置することができる。つぎの十のけたには，百のけたで使ったカード以外の2枚のカードを配置することができる。最後の一のけたには，百のけたと十のけたで使わなかった，残りの1枚のカードしか使えない。したがって，順列は $3 \times 2 \times 1 = 6$ 通りとなる。

6   I. 確率

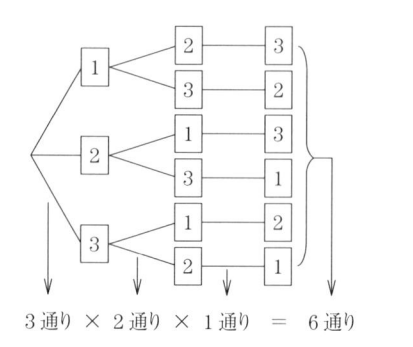

3通り × 2通り × 1通り ＝ 6通り

つぎに，4枚のカードから3枚を取り出して得られる順列の数は，以下に示す図のように求められる。

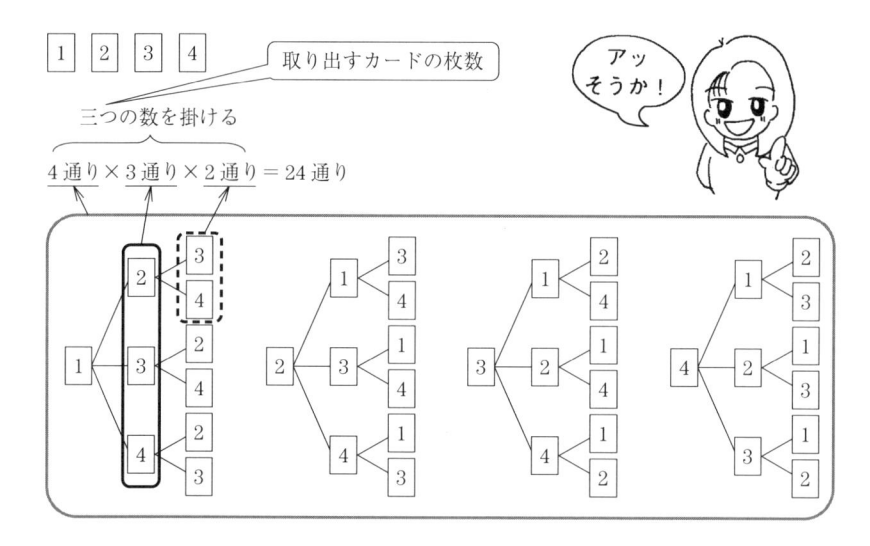

取り出すカードの枚数

三つの数を掛ける

4通り × 3通り × 2通り ＝ 24通り

最後に，この図を一般化して，異なる n 個から r 個を取り出して1列に並べる順列，すなわち n 個から r 個を取り出す順列を求める公式を示す。

公 式

$$_nP_r = \underbrace{n(n-1)(n-2)\cdots(n-r+1)}_{r \text{ 個の積}}$$

例 1.3

4人が1列に並ぶとき，何通りの並び方があるか？（A，B，C，D というように，4人は異なっているものとせよ）

解 $_4P_4 = 4! = 4 \times 3 \times 2 \times 1 = 24$

問 1.4

0，1，2，3の数字を使い，0が先頭にくることなく，3けたの数字を何通り作ることができるか？

（1）反復を許す場合，（2）反復を許さない場合，のそれぞれについて答えよ。

問 1.5

男性が4人，女性が3人いる。以下の(1)〜(8)のそれぞれの場合について，何通りの並び方があるか？

（1） 男女の続き方に関する制約なしで，1列に着席する。
（2） 男女の続き方に関する制約なしで，輪になって着席する。
（3） 男性4人がまとまり，かつ女性3人もまとまる形で，1列になって着席する。
（4） 男性4人がまとまり，かつ女性3人もまとまる形で，輪になって着席する。
（5） 女性が偶数の位置に座り，7人が1列に着席する。
（6） 女性の両隣には必ず男性が座るようにして，輪になって着席する。
（7） 男性はちょうど2人ずつ続いて（1人で孤立しない，3人以上続かない），女性が2人と1人に分かれて，7人が1列に着席する。
（8） 男性はちょうど2人ずつ隣り合って，7人が輪になって着席する。

【ヒント】 男性を□，各男性を Ⓐ，Ⓑ，Ⓒ，Ⓓ，女性を○，各女性を ⓔ，ⓕ，ⓖ とそれぞれ表す。

（2）

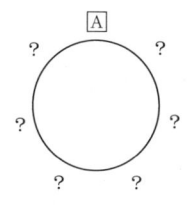

（3） □□□□○○○ または ○○○□□□□ なので ⇒ 2 × □□□□ × ○○○
（4） □□□□ × ○○○ のみ
（5） □○□○□○□ = □□□□ × ○○○

8   I. 確　　率

(6)

○□○□○□○□ = □○○○□□

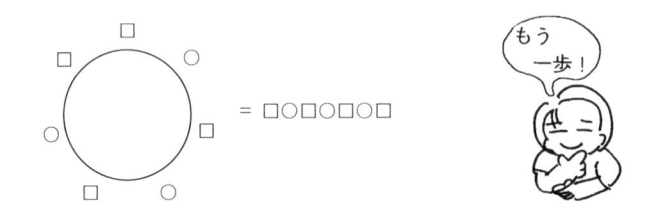

（もう一歩！）

(7) □□□○□○○，または ○□□□○□□，□□□○○□□，○○□□□□○
　　例えば，□□□○□○○ は □□□□ × ○○○ と同じ．ほかも同様．
(8) □□□○□○○ = □□□□ × ○○○

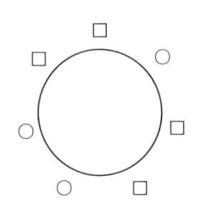

（これでOK！）

問 1.6

男性が 4 人，女性が 4 人いる．以下 (1)〜(8) のそれぞれの場合について，何通りの並び方があるか？

(1) 男女の続き方についての制約なしで，1 列に着席する．
(2) 男女の続き方についての制約なしで，輪になって着席する．
(3) 男性 4 人も女性 4 人も，それぞれがまとまって 1 列に着席する．
(4) 男性 4 人も女性 4 人も，それぞれがまとまって輪になって着席する．
(5) 男性と女性とが交互に 1 列に着席する．
(6) 男性と女性とが交互に輪になって着席する．
(7) 男性も女性も 2 人ずつが続いて，8 人が 1 列に着席する．
(8) 男性も女性も 2 人ずつが隣り合って，8 人が輪になって着席する．

1.4　組　合　せ

1，2，3，4 の四つの数字から二つを選ぶことを考えよう．

1. 順列と組合せ

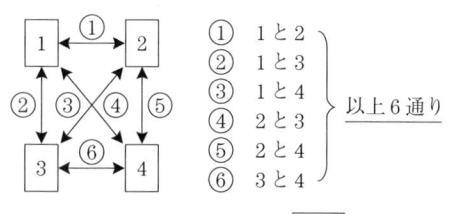

① 1と2	
② 1と3	
③ 1と4	以上6通り
④ 2と3	
⑤ 2と4	
⑥ 3と4	

4個から2個選ぶ組合せは $_4C_2$ と書く。

頑張ってー

このような**組合せ**（combination）はどのように求めればよいのだろうか？

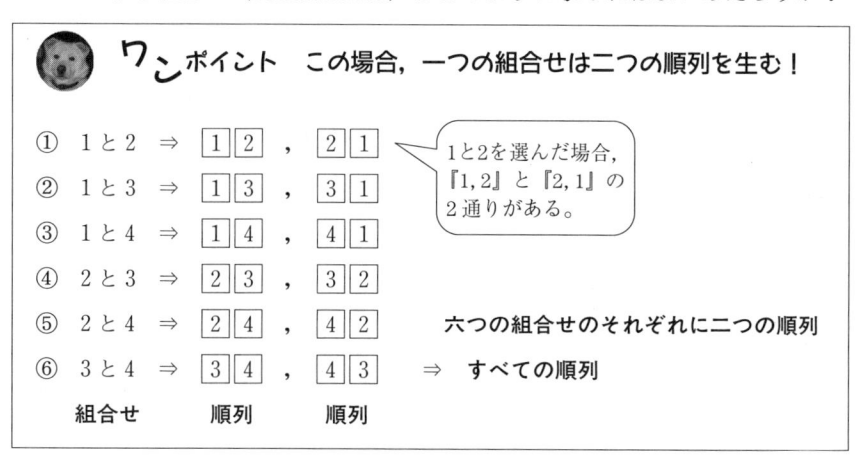

ワンポイント　この場合，一つの組合せは二つの順列を生む！

① 1と2 ⇒ ①②, ②①
② 1と3 ⇒ ①③, ③①
③ 1と4 ⇒ ①④, ④①
④ 2と3 ⇒ ②③, ③②
⑤ 2と4 ⇒ ②④, ④②
⑥ 3と4 ⇒ ③④, ④③

組合せ　　順列　　順列

1と2を選んだ場合，『1, 2』と『2, 1』の2通りがある。

六つの組合せのそれぞれに二つの順列
⇒　すべての順列

このように

 二つの数字の組合せの数 × 各組合せの順列 = 二つの数字の順列の数

となる。これを書き換えると

 二つの数字の組合せの数 = 二つの数字の順列の数 ÷ 各組合せの順列

となり，さらに簡単化して書くと

 組合せの数 = 順列の数 ÷ 各組合せの順列

となる。ここで， 順列の数 は 4×3 通り， 各組合せの順列 は 2×1 通りである。したがって，以下のように求められる。

 組合せの数 $= (4 \times 3) \div (2 \times 1) = 6$

もう一つ，例題を考えよう。

1, 2, 3, 4, 5 の五つの数字から，三つの数字を選ぶ。このときには

$$\boxed{三つの数字の組合せの数} = \boxed{三つの数字の順列の数} \div \boxed{各組合せの順列}$$
$$= (5 \times 4 \times 3) \div (3 \times 2 \times 1) = 10$$

公式として，以下のようにまとめられる．

公式

異なる n 個のものから r 個を選ぶ組合せの総数

$$_nC_r = \frac{\overbrace{n(n-1)(n-2)\cdots(n-r+1)}^{r\text{個の整数の積}}}{r!} \quad (通り) = \frac{_nP_r}{_rP_r}$$

アッそうか！

例 1.4

10人の中から3人を選ぶ選び方は何通りあるか？

解 $_{10}C_3 = \dfrac{10 \times 9 \times 8}{3!} = 120$

問 1.7

10人を，2人，3人，5人の三つのグループに分ける方法は何通りあるか？

問 1.8

n個からr個を選ぶ選び方は $_nC_r$ と表される．$_nC_r$ は次式のような二項展開式から派生するため二項係数と呼ばれる．

$$(a+b)^n = a^n + {}_nC_1 a^{n-1}b + {}_nC_2 a^{n-2}b^2 + \cdots + {}_nC_n b^n$$

$$_nC_r = {}_{n-1}C_r + {}_{n-1}C_{r-1}$$

となることを証明せよ．

【補足説明】 A，B，C，Dの4人の中から2人を選ぶ選び方を考えよう．

はじめに，Dを除くと，A，B，Cから2人を選び出す組合せは

$$_{4-1}C_2 = 3$$

である．

つぎに，先ほど除外したDを加えて考えよう．そのためには，Dを除いたA，B，Cから，Dを加える余地を残して，つまり $2-1=1$ 人を選び出す組合せを求めればよい．これは

$$_{4-1}C_{2-1} = 3$$

となる．この両者の和が4人の中から2人を選ぶ選び方となることは理解できるであろう．

2章 確率

キューちゃんの質問コーナー

- 確率って？
- 毎回，毎回，何が起こるかわからない！でも，長い目で見れば，起こる割合は見定められる！世の中，そんなことって多いよね。
- 確かにそうね。でも…。
- そんな不確かな世界をのぞくことができる，魔法の鏡が確率なんだ。

2.1 事象

母集団（population）：**確率**（probability），**統計**（statistics）で調査の対象としているグループ全体を母集団という。

試行（trial）：一定の条件のもとで，何回でも繰り返すことができる実験や観察を試行という。試行の結果，母集団からデータが取り出される。

標本抽出（sampling）：試行を繰り返して，母集団からデータを取り出すことを標本抽出という。

標本（sample）：取り出したデータの集まりを標本あるいは**サンプル**という。

事象（event）：ある試行（例えば，サイコロを振る）を行った結果として起こり得るいろいろな現象を事象という。また，ある条件に当てはまるものについても事象という（例えば，"出た目が偶数である事象"）。

根元事象（elementary event）：それ以上細かく分けることのできない事象

を根元事象という。**標本点**ともいう。

標本空間（sample space）：根元事象をすべて集めたものを標本空間という。

例 2.1

例えば，サイコロを 1 回振って，出た目を読みとる問題について考えよう。このときには，"サイコロを 1 回振る"ことが 1 回の試行となる。根元事象は，⚀, ⚁, ⚂, ⚃, ⚄, ⚅ の六つとなるので，標本空間は，{⚀, ⚁, ⚂, ⚃, ⚄, ⚅} となる。いずれも均等な確率で生起するのであれば，母集団における各目の個数は等しいと考えられるので，母集団は最も簡単化した集合，すなわち {⚀, ⚁, ⚂, ⚃, ⚄, ⚅} とみることができる。そして，もし，3 回振って，⚅, ⚅, ⚀ と目が出たときには，標本 ⚅, ⚅, ⚀ が抽出されたという。

母集団	根元事象	標本空間
⚀, ⚁, ⚂, ⚃, ⚄, ⚅ からなる集合 {⚀, ⚁, ⚂, ⚃, ⚄, ⚅}	事象 ⚀, ⚁, ⚂, ⚃, ⚄, ⚅ のそれぞれ	事象 ⚀, ⚁, ⚂, ⚃, ⚄, ⚅ からなる集合 {⚀, ⚁, ⚂, ⚃, ⚄, ⚅}

そして，今回の標本は，事象 ⚅, ⚅, ⚀ からなる集合 {⚅, ⚅, ⚀} である。また，偶数の目が出る事象 A は，事象 ⚁, ⚃, ⚅ からなる集合 {⚁, ⚃, ⚅}，3 で割り切れる数の目が出る事象 B は，事象 ⚂, ⚅ からなる集合 {⚂, ⚅}，2 以下の数の目が出る事象 C は，事象 ⚀, ⚁ からなる集合 {⚀, ⚁} である。以下では，⚀, ⚁, ⚂, ⚃, ⚄, ⚅ のそれぞれを，単に 1, 2, 3, 4, 5, 6 と表す。さて，$A = \{2, 4, 6\}$，$B = \{3, 6\}$，$C = \{1, 2\}$ として，以下について考えよう。

(1) A と B の**和事象**

解 $A \cup B = \{2, 3, 4, 6\}$

(2) A と B の**積事象**

解 $A \cap B = \{6\}$

(3) A の**余事象**

解 $A' = \{1, 3, 5\}$

(4) 事象 $A \cap B$ は，事象 B の**部分事象**といえるか？

解 部分事象である。$(A \cap B) \subset B$

(5) 事象 B と事象 C は，たがいに**排反な事象**といえるか？

解 たがいに排反な事象である。

例 2.2

母集団と標本空間は，つねに同じであるとは限らない。例えば，箱の中に数字 1，2 が書かれている番号札がそれぞれ 1 枚，数字 3，4 が書かれている番号札がそれぞれ 2 枚入っているとしよう。以下では，例えば，数字 3 が書かれている番号札のことを，単に 3 の番号札と呼ぶ。"番号札を 1 枚取り出す"ことを 1 回の試行（標本抽出）とし，3 回の試行の結果，4，4，1 の番号札が取り出されたとき，母集団，根元事象，そして標本空間は，どのようになるか？

解 例えば，数字 4 の番号札が取り出された事象を /4/ と表すと

母集団	根元事象	標本空間
1, 2, 3, 3, 4, 4 の番号札からなる集合	事象 /1/, /2/, /3/, /4/ のそれぞれ	事象 /1/, /2/, /3/, /4/ からなる集合

となる。そして，今回の標本は，事象 /4/, /4/, /1/ からなる集合 {/4/, /4/, /1/} である。また，偶数の番号札が取り出される**事象**は，事象 /2/, /4/, /6/ からなる集合 {/2/, /4/, /6/} であり，2 以下の番号札が取り出される事象は，事象 /1/, /2/ からなる集合 {/1/, /2/} である。

例 2.3

例 2.2 において，"番号札を連続して 2 枚取り出す"ことを一つの試行（標本抽出）とし，3 回の試行において，1 回目に 4 の番号札のあとで 1 の番号札が取り出され，2 回目に 1 の番号札のあとで 4 の番号札が取り出され，3 回目に 1 の番号札のあとで 2 の番号札が取り出された場合は，どのようになるか？取り出される順番の違いを異なる事象として考えよ。

解 1 の番号札のあとで 4 の番号札が取り出された事象を /1→4/ と表すと

母　集　団	根　元　事　象	標　本　空　間
1，2，3，3，4，4 の番号札からなる集合	事象 /1→2/，/1→3/，/1→4/， /2→1/，/2→3/，/2→4/， /3→1/，/3→2/，/3→3/， /3→4/，/4→1/，/4→2/， /4→3/，/4→4/ のそれぞれ	事象 /1→2/，/1→3/，/1→4/， /2→1/，/2→3/，/2→4/， /3→1/，/3→2/，/3→3/， /3→4/，/4→1/，/4→2/， /4→3/，/4→4/ からなる集合

となる．そして，今回の標本は，事象/4→1/，/1→4/，/1→2/からなる集合 {/4→1/，/1→4/，/1→2/} である．また，2枚の番号札の和が5となる事象は，事象/1→4/，/4→1/，/2→3/からなる集合 {/1→4/，/4→1/，/2→3/} である．

例2.4

例2.3と同じ状況について，もし，取り出される順番の違いは無視して，1と4の番号札が取り出された事象を/1, 4/と表すと

母　集　団	根　元　事　象	標　本　空　間
1，2，3，3，4，4 の番号札からなる集合	事象 /1, 2/，/1, 3/，/1, 4/， /2, 3/，/2, 4/，/3, 3/， /3, 4/，/4, 4/ のそれぞれ	事象 /1, 2/，/1, 3/，/1, 4/， /2, 3/，/2, 4/，/3, 3/， /3, 4/，/4, 4/ からなる集合

となる．そして，今回の標本は，事象/1, 4/，/1, 4/，/1, 2/からなる集合 {/1, 4/，/1, 4/，/1, 2/} である．1回目は4のあとで1の番号札が取り出されているが，それに対する根元事象は，/1, 4/であることに注意せよ．また，2枚の番号札の和が5となる事象は，事象/1, 4/，/2, 3/からなる集合 {/1, 4/，/2, 3/} である．

補足説明2.1

集合の世界と確率の世界，混乱しちゃったわ．

確率との関係はこのあとのⅠ編**2.2**節で説明するけれど，準備も兼ねて整理しよう！

2. 確率

記号	集合としての呼び方	確率論での事象としての呼び方	確率論での確率の関係（I編 **2.2**節参照）
Ω （オメガ）	全体集合	**標本空間**。全事象。確実に起こる。	$P(\Omega) = 1$
ϕ （ファイ）	空集合	**空事象**。起こることが不可能。	$P(\phi) = 0$
$A \cup B$ (A カップ B) A または B	集合 A と集合 B の和集合	事象 A と事象 B の**和事象**。 事象 A または事象 B が起こる。	**加法法則** $P(A \cup B)$ $= P(A) + P(B) - P(A \cap B)$
$A \cap B$ (A キャップ B) A かつ B	集合 A と集合 B の積集合	事象 A と事象 B の**積事象**。 事象 A が起こり，かつ事象 B が起こる。	**乗法法則** $P(A \cap B)$ $= P(A)P(B\|A)$, $P(B)P(A\|B)$ も同じ
A' （A ノット） A の否定	集合 A の補集合	事象 A の**余事象**。 事象 A 以外の事象が起こる。	**余事象の法則** $P(A') = 1 - P(A)$
$A \subset B$ A は B に含まれる	集合 A は集合 B の部分集合	事象 A が起これば，事象 B も起こる。	$P(A) < P(B)$
$A \cap B = \phi$	集合 A と集合 B はたがいに素	事象 A と事象 B はたがいに**排反**。 事象 A と事象 B は**排反事象**。 事象 A が起これば事象 B は起こらない。 逆に，事象 B が起これば事象 A は起こらない。	$P(A \cap B) = 0$
$A \times B$ (A と B が同一の場合，A^2 と表す)	集合 A と集合 B の直積集合	事象 A と事象 B の**結合事象**（積事象の一部とも見ることができる）。事象 A が起こり，かつ事象 B が起こる。	A と B の**結合確率**。 同時（生起）確率。 $P(A \cap B) = P(B)P(A\|B)$

補足説明 2.2

同じコンマが"または"だったり"かつ"だったり！

場合1 "同じ"試行で定義された複数の事象につけたコンマ → "または"

　同じ標本空間を扱う場合には，**または** を使うことが多いことから，**または** が省略されることが多い。したがって，"同じ"試行で定義された複数の事象の和集合として定義される"**和事象**"，例えば，$P(1 \text{ または } 2 \text{ または } 3)$ は，$P(1, 2, 3)$ と表す。この場合には，個々の標本点は，図のように，"同じ"標本空間上に定義される点として表現される。

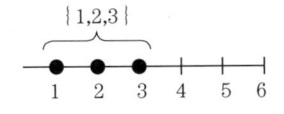

[場合 2]　"異なる"試行で定義された複数の事象につけたコンマ → "かつ"

　異なる試行で定義された事象を扱う場合には，**かつ** の解釈をすることが多いことから，**かつ** は省略されることが多い。したがって，"異なる"試行で定義された**複数の事象の組合せとして定義される"結合事象"**，例えば，P(1回目に4以上 **かつ** 2回目に2以下)は，P(1回目に $\{4, 5, 6\}$ **かつ** 2回目に $\{1, 2\}$)と書けるが，これは，P(1回目に4以上，2回目に2以下)と表す。

　[場合 1]，[場合 2] のいずれにおいても，誤解をまねきそうな場合には，ていねいに，"または"や"かつ"を書くようにしよう。

　標本空間は，つぎの図のように，"異なる"二つの標本空間のそれぞれを，2本の座標軸として形成される二次元空間内の点の集合として表現されるが，この例の事象は，だ円で囲まれた領域で表される。

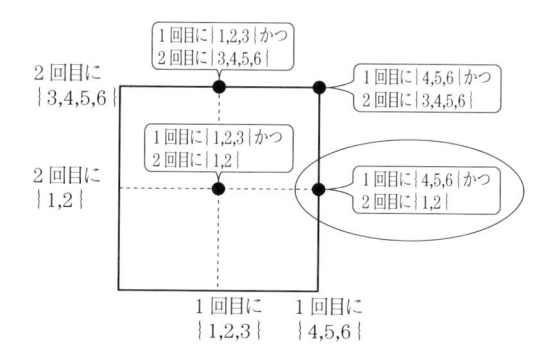

　もう一つ，例を示そう。{女子，男子}からなる一つの標本空間からの試行と，{大学生，高校生}からなるほかの標本空間からの試行との組合せにより事象（結合事象）を構成しているのであれば，つぎの図のように，P(女子，大学生)は，P(女子 **かつ** 大学生)を意味する。

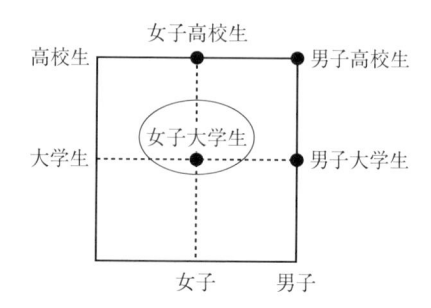

場合 3 "異なる" 試行で定義された複数の事象に対する "または"

"異なる" 試行について定義された複数の事象の和事象，例えば P(1 回目に 4 以上 **または** 2 回目に 2 以下）の場合には

P(1 回目に 4 以上 $\cup$ 2 回目に 2 以下)
　= P(1 回目に 4 以上 **または** 2 回目に 2 以下)
　= P(1 回目に 4 以上) + P(2 回目に 2 以下)
　　− P(1 回目に 4 以上 **かつ** 2 回目に 2 以下)

を意味する。この事象は，つぎの図の破線で囲まれた範囲で表される。この場合には，**かつ** と混同しないようにするため，**または** は省略できない。

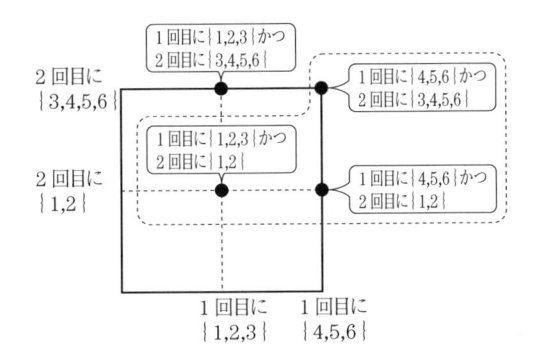

場合 4 "同じ" 試行で定義された複数の事象に対する "かつ"

同じ試行で定義された複数の事象の積集合として定義される **"積事象"** の場合についても説明しておこう。通常，この場合には，以下のように，**かつ**（∩）を明記する。

事象 $A = \{4, 5, 6\}$, 事象 $B = \{1, 2\}$ のとき，確率 $P(A$ **かつ** $B)$ は

$P(A \cap B) = P(\{4, 5, 6\}$ **かつ** $\{1, 2\}) = P(\{4, 5, 6\} \cap \{1, 2\})$
　　　　　　= $P(\{空集合\}) = 0$

となる。この場合には，**または** と混同しないようにするため，**かつ** は省略できない。本例のようにサイコロを 1 回振ったとき，$\{4$ または 5 または $6\}$ かつ $\{1$ または $2\}$ の目が出ることは起こり得ないので，その確率は 0 である。しかし，2 回振ったのであれば，1 回目に $\{4, 5, 6\}$，2 回目に $\{1, 2\}$ が出ることは可能であり，その確率は $3/6 \times 2/6 = 1/6 \neq 0$ となる。

18　I．確　　率

```
         A かつ B は空集合
       B          A
     ⌒⌒⌒     ⌒⌒⌒⌒⌒
     ● ●  │  ● ● ●
     1 2  3  4 5 6
```

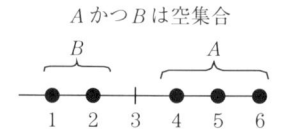

問 2.1

例 2.1 の事象 A と事象 B について，以下の関係を満たすものを求めよ．
（1）　$A \cup B'$
（2）　$A' \cap B'$
（3）　$A - B$

2.2 確　　率

2.2.1　数学的確率

2 枚の硬貨を投げたときに，1 枚が表，ほかの 1 枚が裏となる確率はどのように求めることができるだろうか？

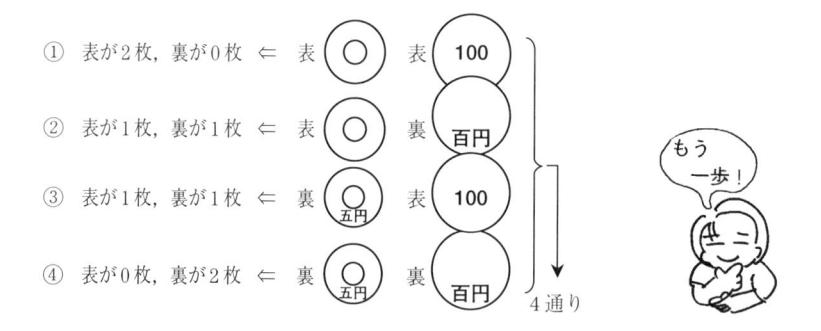

① 表が2枚，裏が0枚　⇐　表○ 表100
② 表が1枚，裏が1枚　⇐　表○ 裏百円
③ 表が1枚，裏が1枚　⇐　裏五円 表100
④ 表が0枚，裏が2枚　⇐　裏五円 裏百円

　　　　　　　　　　　　　　　　　4 通り

「もう一歩！」

このように，起こりうる事柄の個数 N は，以下の 4 通りである．

事　柄　1	事　柄　2	事　柄　3	事　柄　4
A が表，B が表	A が表，B が裏	A が裏，B が表	A が裏，B が裏

　これらは同様に確からしい．さて，ある事柄として，"1 枚が表，ほかの 1 枚が裏と出る" 事柄の個数 a であるが，これは事柄 2 と事柄 3 のいずれでも

よく，$a = 2$ である。したがって，その確率は $a/N = 2/4$ となる。このように定義される確率のことを**数学的確率**（mathematical probability）という。

> **ワンポイント　数学的確率とは？**
>
> 起こりうる事柄が N 通りあって，これらが同様に確からしいとき，ある事柄が a 通りあれば
>
> $$\text{ある事柄が起こる確率} = \frac{a}{N}$$

2.2.2　統計的確率，大数の法則

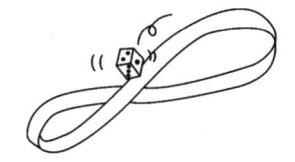

キューちゃんの質問コーナー

- 大数の法則って？
- 無限に繰り返していくと，しだいに姿が見えてくる！ということだよ。
- まるで，仮想現実（バーチャルリアリティ）の世界のようね！

事象の生起した回数 ÷ 試行の回数 で定義される相対度数が，一定の値に近づくとき，その値を**統計的確率**（statistical probability）あるいは**経験的確率**という。

実際に，サイコロを振ってみて，1 や 3 といった事柄の生起する回数を調べたとする。全回数 n が少ないときには，「2 の目が出る」という事象が生起する回数 s と全回数 n の比の値 s/n は，I 編 **2.2.1** 項で求めた数学的確率より小さかったり，大きかったりする。例えば，つぎの図のように，全回数 $n = 40$ のときに 1 の目が出た回数が $s = 6$ であれば，統計的確率は $s/n = 0.15$ となる。

サイコロを投げた回数　⇒　40回

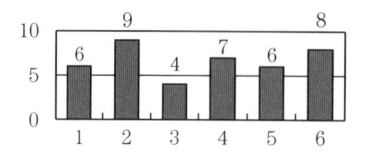

$\dfrac{1の目が出た回数}{サイコロを投げた回数} = \dfrac{6}{40} = 0.15$

サイコロを投げた回数　⇒　1 800回

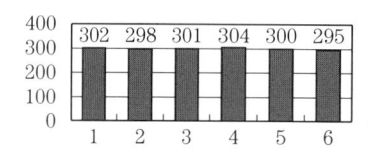

$\dfrac{1の目が出た回数}{サイコロを投げた回数} = \dfrac{302}{1\,800} = 0.168$

　このとき，統計的確率は 0.15 となったが，これは数学的確率 $1/6 ≒ 0.167$ とは異なっていることが多い。ところが，全回数 $n = 1\,800$ のように著しく大きくなると，1 の目が出た回数が $s = 302$ となり，統計的確率は $s/n = 0.168$ となる。

　この統計的確率は，数学的確率の 0.167 にかなり近づいてくる。すなわち，サイコロを振った回数 n が大きくなると，「2 の目が出る」という事象が生起する回数 s との比の値 s/n は，数学的確率に近づいていく。このように，

　「独立試行（各試行がたがいに独立であるような試行）を n 回繰り返したとき，事象 A が s 回起こったとする。このとき，相対度数 s/n は一定の値に収束していく傾向がみられる」

　この経験的事実を**大数の法則**（law of large numbers）という。

2.2.3　余事象の確率（"でない"確率）

　「サイコロ A と B の目の和が 9 以下」となる事象の確率について考えてみよう。このような場合の数はとても多く，数えるのが面倒だと思わないだろうか？このような場合には，「サイコロ A と B の目の和が 9 以下」となる事象に対する余事象を利用することができる。その余事象は，具体的には，「サイコロ A と B の目の和が 9 以下でない」事象，つまり「サイコロ A と B の目

の和が10以上」の事象である。このように，求めたい事象に対する余事象の確率を求め，これを1から差し引くことにより，求めたい事象の確率を手軽に求めることができる。これを**余事象の法則**（complementation rule）という。

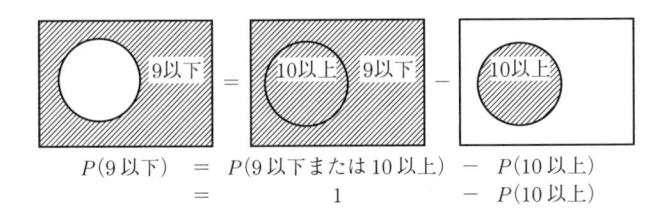

$$P(9以下) = P(9以下または10以上) - P(10以上)$$
$$= 1 - P(10以上)$$

	サイコロA					
		1	2	3	4	5	6
サイコロB	1	2	3	4	5	6	7
	2	3	4	5	6	7	8
	3	4	5	6	7	8	9
	4	5	6	7	8	9	10
	5	6	7	8	9	10	11
	6	7	8	9	10	11	12

ある事象Aが起こる確率 $= 1 -$ Aが起こらない確率

和が9以下となる確率 $= 1 -$ 和が10以上となる確率

$\dfrac{36-6}{36} = \dfrac{30}{36} = \dfrac{5}{6}$　これは，すなわち　$\dfrac{36}{36} - \dfrac{6}{36} = 1 - \dfrac{6}{36}$

2.2.4 同じ試行で定義された和事象の確率（"または"の確率）

〔1〕 **排他的（排反）な場合**　対象の事象を，「サイコロの目が2以下 または サイコロの目が6」となる確率について考えよう。2以下の目が出たときには6の目は出ない。すなわち，2以下の目が出る事象と6の目が出る事象とは，たがいに交わりのない排他的（排反）な事象である。すなわち，排他的（排反）な二つの事柄（事象）を表す集合 A と B の和集合は

$$A \cup B = A + B$$

により求められるので

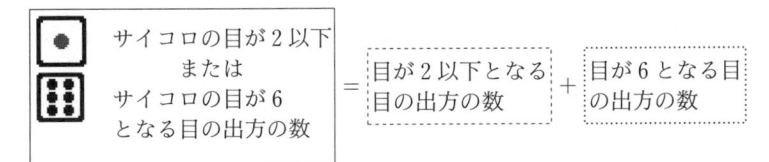

サイコロの目が2以下 または サイコロの目が6 となる目の出方の数 $=$ 目が2以下となる目の出方の数 $+$ 目が6となる目の出方の数

となる。ここで，サイコロの目の出方，つまり起こりうる事柄の総数は6通り

ある。いずれも均等な確率であることに注意せよ。

したがって，「対象の事象が生起する確率」は，「対象の事象における場合の数」を「総数」で割ればよいことから，ワンポイントで示すようになる。

ワンポイント　交わりのないときには単純に足せばいい！

$$\boxed{\text{目が2以下 または 6となる確率}} = \frac{\boxed{\text{目が2以下 または 6となる出方の総数}}}{\boxed{\text{目の出方の総数}}}$$

$$= \frac{\boxed{\text{目が2以下となる目の出方の数}} + \boxed{\text{目が6となる目の出方の数}}}{\boxed{\text{目の出方の総数}}}$$

$$= \frac{\boxed{2} + \boxed{1}}{\boxed{6}} = \frac{\boxed{2}}{\boxed{6}} + \frac{\boxed{1}}{\boxed{6}}$$

すなわち

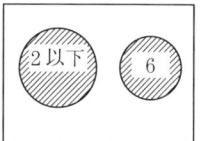

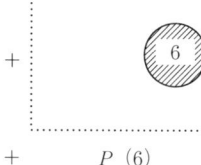

P（2以下または6）　＝　P（2以下）　＋　P（6）

公式

　一般的に，AとBがたがいに交わりのない（排他的な）場合には，以下の**加法法則**（addition rule for mutually exclusive events）が成り立つ。

$$\boxed{\begin{array}{c}A\text{ または }B\text{ の}\\\text{起こる確率}\end{array}} = \boxed{\begin{array}{c}A\text{ の起こる}\\\text{確率}\end{array}} + \boxed{\begin{array}{c}B\text{ の起こる}\\\text{確率}\end{array}}$$

〔2〕　**排他的（排反）でない，一般の場合**　　任意の二つの事柄（事象）を表す集合AとBについて，その和集合が

$$A \cup B = A + B - A \cap B$$

により求められることに注目すると

2. 確率

$$\boxed{\begin{array}{c}\text{サイコロの目が 3, 4, 5 またはサイコロの}\\ \text{目が 5, 6 以上となる目の出方の数}\end{array}}$$

$$= \boxed{\begin{array}{c}\text{目が 3, 4, 5 となる}\\ \text{目の出方の数}\end{array}} + \boxed{\begin{array}{c}\text{目が 5, 6 となる}\\ \text{目の出方の数}\end{array}} - \boxed{\begin{array}{c}\text{目が 3, 4, 5 かつ 5, 6 となる}\\ \text{目の出方の数 (5 の出方の数)}\end{array}}$$

ここでも，サイコロの目の出方，つまり起こりうる事柄の総数は 6 通りある。いずれも均等な確率であることに注意せよ。

ワンポイント　排他的でないときには "交わり" に注意して！

$$\begin{array}{c}\text{目が 3,4,5 または}\\ \text{5,6 となる確率}\end{array} = \frac{\text{目が 3, 4, 5 または 5, 6 となる出方の総数}}{\text{目の出方の総数}}$$

アッそうか！

$$= \frac{\begin{array}{c}\text{目が 3,4,5 となる}\\ \text{目の出方の数}\end{array} + \begin{array}{c}\text{目が 5,6 となる}\\ \text{目の出方の数}\end{array} - \begin{array}{c}\text{目が 3,4,5 かつ 5,6}\\ \text{となる目の出方の数}\end{array}}{\text{目の出方の総数}}$$

$$= \frac{3 + 2 - 1}{6} = \frac{3}{6} + \frac{2}{6} - \frac{1}{6}$$

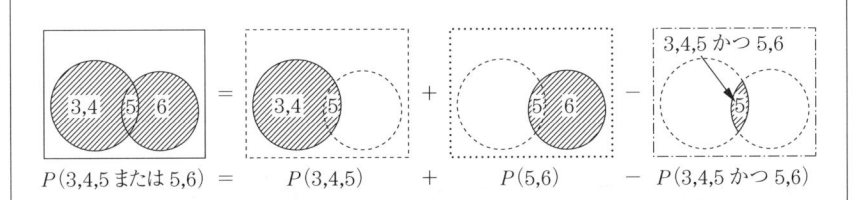

$P(3,4,5 \text{ または } 5,6) = P(3,4,5) + P(5,6) - P(3,4,5 \text{ かつ } 5,6)$

公式

任意の事象に対しては，以下の加法法則が成り立つ

$$\begin{array}{c}A \text{ または } B \text{ の}\\ \text{起こる確率}\end{array} = \begin{array}{c}A \text{ の起こる}\\ \text{確率}\end{array} + \begin{array}{c}B \text{ の起こる}\\ \text{確率}\end{array} - \begin{array}{c}A \text{ かつ } B \text{ の}\\ \text{起こる確率}\end{array}$$

2.2.5 同じ試行で定義された積事象の確率（"かつ"の確率）

任意の事象 A と B に対する積事象 $A \cap B$ の確率（"A かつ B"の確率）について考えよう。ここでも，サイコロの例で説明する。事象 A を $\{3, 4, 5\}$，事象 B を $\{5, 6\}$ とする。このとき，積事象 $A \cap B$ は，どのように考えればよいのだろうか？

3 または 4 または 5 のいずれかであれば，事象 A が成り立つ。同様に，5 または 6 のいずれかであれば，事象 B が成り立つ。したがって，"目が5"という事象は，事象 A が成り立ち，かつ事象 B が成り立つ事象といえる。

このような事象を，事象 A と事象 B の積事象という。これはちょうど，$\{3, 4, 5\}$ と $\{5, 6\}$ を集合と考えたときの積集合 $\{5\}$ に相当する。

もし，事象 $A = \{3, 4\}$ と事象 $B = \{5, 6\}$ のようにたがいに排他な場合には，積事象 $A \cap B$ は 0 となる。

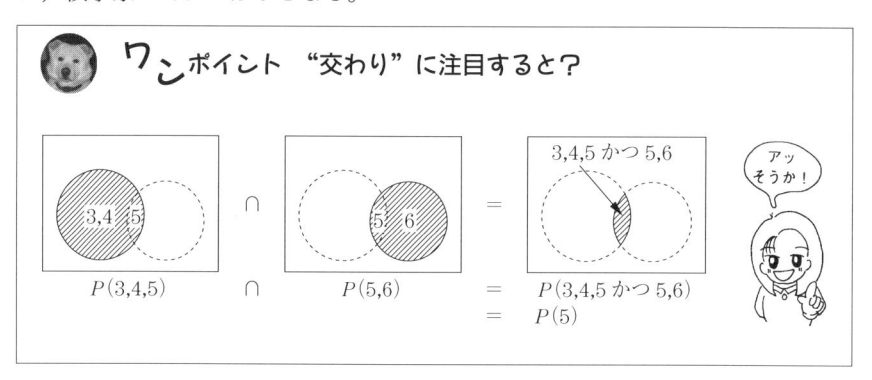

ワンポイント　"交わり"に注目すると？

$P(3,4,5) \cap P(5,6) = P(3,4,5 \text{ かつ } 5,6) = P(5)$

2.2.6 結合事象（異なる試行で定義された積事象）の確率

〔1〕 **たがいに独立な事象の場合**　試行を繰り返して行うときの確率について考えよう。例として，サイコロを2回振ったとき，1回目が4以上，2回目が2以下の目が出る場合について考えよう。ここで，以下に注意する。例えば，1回目に出た目が4であったとしよう。そのことは2回目に出る目に影響するであろうか？

「1回目に出た目は，2回目に出る目には無関係である」

もちろん，逆に，2回目に出る目は，1回目に出た目には無関係である。このようなことを，1回目，2回目に出る目は，たがいに**独立**（independent）であるという。

　二つの事象がたがいに独立な場合，各事象の生起する確率を乗じれば，二つの事象を結合してできる結合事象（積事象の一部）の確率が求められる。これを，**たがいに独立な事象の結合事象の確率に関する乗法法則**（multiplication rule for mutually independent events）という。

ワンポイント　独立な事象の結合事象は？

　まず，目の出方の総数は 6×6 通りある。つぎに
　　1回目に4以上の目　⇒　4, 5, 6　　（3通り）
　　2回目に2以下の目　⇒　1, 2　　　　（2通り）
である。したがって

　1回目が4以上，2回目が2以下の目の出方は，3×2 通り

$$
\begin{aligned}
\boxed{\substack{\text{1回目は4以上の目}\\\text{2回目は2以下の目}\\\text{の出る確率}}}
&= \frac{\boxed{\text{1回目が4以上，2回目が2以下の数，}3\times 2\text{通り}}}{\boxed{\text{目の出方の総数，}6\times 6\text{通り}}} \\[1em]
&= \frac{\boxed{\substack{\text{1回目に4以上と}\\\text{なる場合の数，}3}} \times \boxed{\substack{\text{2回目に2以下と}\\\text{なる場合の数，}2}}}{\boxed{\text{目の出方の総数，}6\times 6\text{通り}}} \\[1em]
&= \frac{\boxed{\substack{\text{1回目に4以上と}\\\text{なる場合の数，}3}}}{\boxed{\substack{\text{1回目の目の出方}\\\text{の総数，}6}}} \times \frac{\boxed{\substack{\text{2回目に2以下と}\\\text{なる場合の数，}2}}}{\boxed{\substack{\text{2回目の目の出方}\\\text{の総数，}6}}} \\[1em]
&= \boxed{\substack{\text{1回目に4以上の}\\\text{目が出る確率}}} \times \boxed{\substack{\text{2回目に2以下の}\\\text{目が出る確率}}}
\end{aligned}
$$

これでOK！

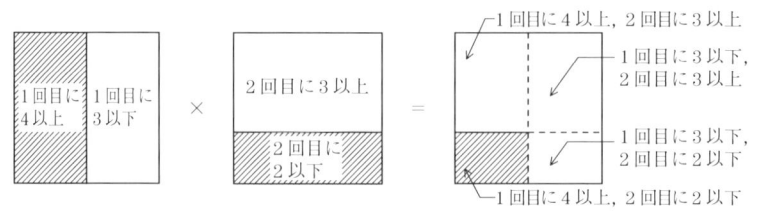

斜線部に注目すると

$$P(1回目に4以上) \times P(2回目に2以下) = P(1回目に4以上, 2回目に2以下)$$

(注) この図では、正方形部分の面積が全事象の確率1に相当し、斜線部などの面積の割合が当該事象の確率を表すと見よ。

一般化すると

公 式

たがいに独立な事象の結合事象に対する乗法法則

$$\boxed{\text{結合事象}(A,\ B)\text{の起こる確率}} = \boxed{A\text{の起こる確率}} \times \boxed{B\text{の起こる確率}}$$

例 2.5

事象 $1 \sim 6$ が均等な確率で生起するものとし、$A = \{2,\ 4,\ 6\}$, $B = \{3,\ 6\}$ として、以下の各事象の確率を考えてみる。

(1) $P(A \cup B) = P(\{2,\ 3,\ 4,\ 6\})$

$$= P(2) + P(3) + P(4) + P(6) = \frac{1}{6} + \frac{1}{6} + \frac{1}{6} + \frac{1}{6} = \frac{2}{3}$$

(2) $P(A \cap B) = P(6) = \dfrac{1}{6}$

(3) $P(B') = P(\{1,\ 2,\ 4,\ 5\}) = P(1) + P(2) + P(4) + P(5)$

$$= \frac{1}{6} + \frac{1}{6} + \frac{1}{6} + \frac{1}{6} = \frac{2}{3}$$

(4) $P(A \cup B) = P(A) + P(B) - P(A \cap B)$ を確認せよ。

左辺 $= P(A \cup B) = P(\{2,\ 3,\ 4,\ 6\})$

$$= P(2) + P(3) + P(4) + P(6) = \frac{1}{6} + \frac{1}{6} + \frac{1}{6} + \frac{1}{6} = \frac{2}{3}$$

右辺 $= P(A) + P(B) - P(A \cap B)$

$= P(\{2, 4, 6\}) + P(\{3, 6\}) - P(6) = \dfrac{3}{6} + \dfrac{2}{6} - \dfrac{1}{6} = \dfrac{2}{3}$

(5) $P(B') = 1 - P(B)$ を計算せよ。

左辺 $= P(B') = P(\{1, 2, 4, 5\})$

$= P(1) + P(2) + P(4) + P(5) = \dfrac{1}{6} + \dfrac{1}{6} + \dfrac{1}{6} + \dfrac{1}{6} = \dfrac{2}{3}$

右辺 $= 1 - P(B) = 1 - \left(\dfrac{1}{6} + \dfrac{1}{6}\right) = \dfrac{2}{3}$

具体的に確認してみよう。

$P(B) = P(\{3, 6\}) = \dfrac{1}{6} + \dfrac{1}{6} = \dfrac{1}{3}$

$1 - P(B') = 1 - \dfrac{2}{3} = \dfrac{1}{3}$

問 2.2

ハート, スペード, ダイヤ, クラブの 4 種類のカードを, それぞれ H, S, D, C という記号で表し, エース, …, クイーン, キングを 1～13 までの数字で表す。

H, S, D, C, かつ 1～13, 合計 52 枚のトランプからランダムに 1 枚のカードを引くとする。このとき, $13 \cap H$ はハートの 13 であることを意味している。

それぞれのカードを引く確率は等しく $1/52$ であるとし, 以下の確率, $P(1)$, $P(H)$, $P(H')$, $P(1 \cap H)$, $P(1 \cup H)$, $P(1) + P(H) - P(1 \cap H)$, $P(1 \cup (1 \cap H))$, $P(1 \cap (1 \cap H))$, $P(2 \cup (1 \cap H))$, $P(2 \cap (1 \cap H))$ をそれぞれ求めよ。

〔2〕 **たがいに独立でない事象の場合** 事象 A_1 が生起するという条件のもとで事象 A_2 が生起する確率のことを, A_1 で条件づけられた A_2 の確率, すなわち, **条件つき確率** (conditional probability) といい, $P(A_2 \mid A_1)$ のように表す。

例えば, 高校生か大学生か, さらには男子か女子かというように事象が与えられており, これらを結合した結合事象, すなわち, 男子大学生, 女子大学生, 男子高校生, 女子高校生が, それぞれ 30 人, 20 人, 10 人, 40 人いたとしよう。

	女子	男子
高校生	40人	10人
大学生	20人	30人

このとき，女子 A_1 という条件のもとでの大学生 A_2 の確率，すなわち条件つき確率 $P(大学生\ A_2\,|\,女子\ A_1)$ は，女子には，女子大学生と女子高校生が含まれていることに注意すると

$$P(大学生\ A_2\,|\,女子\ A_1) = \frac{女子大学生の数}{女子大学生の数 + 女子高校生の数}$$

$$= \frac{20}{20+40} = \frac{1}{3}$$

のように与えられる。これを一般化すると，以下のようにまとめられる。

公式

A_1 で条件づけられた A_2 の確率 $P(A_2\,|\,A_1)$
$= \boxed{A_1 と A_2 との結合事象 (A_1,\ A_2) の場合の数} \div \boxed{A_1 の場合の数}$

すなわち，$P(A_2\,|\,A_1) = N(A_1,\ A_2)/N(A_1)$。これを変形して

$$N(A_1,\ A_2) = P(A_2\,|\,A_1) \cdot N(A_1)$$

両辺を 場合の総数 で割ると

$\boxed{N(A_1,\ A_2)}/\boxed{場合の総数} = P(A_2\,|\,A_1) \cdot \boxed{N(A_1)}/\boxed{場合の総数}$

左辺は 結合事象 $(A_1,\ A_2)$ の確率 となり，右辺の $\boxed{N(A_1)}/\boxed{場合の総数}$ は $P(A_1)$ となる。したがって

公式

任意の結合事象に対する乗法法則 (multiplication rule for arbitrary events)
$$P(A_1,\ A_2) = P(A_2\,|\,A_1)\,P(A_1)$$

ワンポイント 独立でない事象の結合事象は？

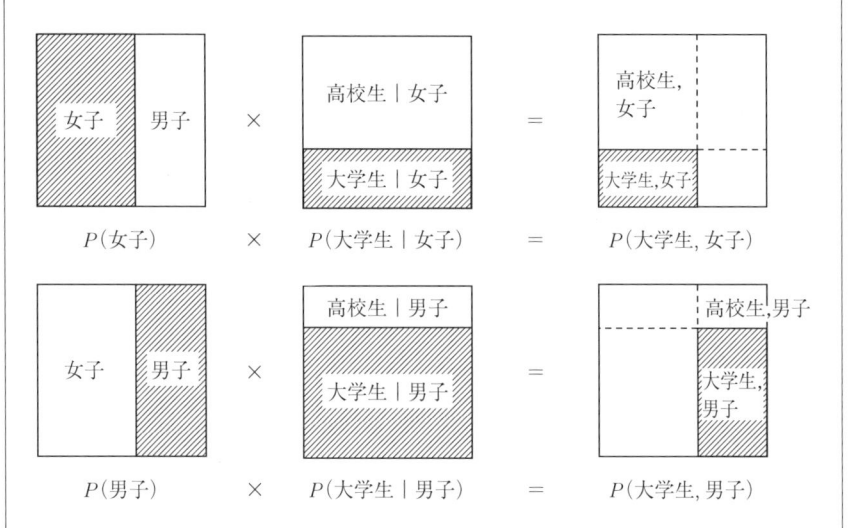

| 女子 | 男子 | × | 高校生｜女子 大学生｜女子 | = | 高校生, 女子 大学生, 女子 |

$P(女子) \times P(大学生｜女子) = P(大学生, 女子)$

| 女子 | 男子 | × | 高校生｜男子 大学生｜男子 | = | 高校生, 男子 大学生, 男子 |

$P(男子) \times P(大学生｜男子) = P(大学生, 男子)$

前項と違って，男子・女子に応じて，高校生・大学生の比率が異なって（つまり，男子・女子の事象と高校生・大学生の事象が従属して）いることに注意せよ．

問 2.3

本項〔2〕の生徒数の表に示した数値を用いて，$P(高校生｜男子)$，$P(高校生｜女子)$，$P(大学生｜女子)$，$P(男子｜大学生)$，$P(女子｜大学生)$，$P(男子｜高校生)$，$P(女子｜高校生)$をそれぞれ求めよ．

例 2.6

よくシャッフルされた 52 枚のトランプの中から 2 枚を引く．2 枚が，両方とも 1 である確率を求めよ．

解 A_1：事象 "1 枚目が 1 である"

A_2：事象 "2 枚目が 1 である"

と表す．

(1) 1 枚目のカードをもとに戻す場合

$$P(A_1, A_2) = P(A_1)P(A_2｜A_1) = \frac{4}{52} \times \frac{4}{52} = \frac{1}{169}$$

たがいの事象が独立である場合のみ

$$P(A_2 \mid A_1) = P(A_2)$$

となる。

ゆえに，この場合

$$P(A_1, A_2) = P(A_1) P(A_2)$$

と書くこともできる。

（2） 1枚目のカードをもとに戻さない場合

事象 A_1 と事象 A_2 はたがいに従属している。この場合には

$$P(A_1, A_2) = P(A_1) P(A_2 \mid A_1)$$
$$= \frac{4}{52} \times \frac{4-1}{52-1} = \frac{4}{52} \times \frac{3}{51} = \frac{1}{221}$$

問 2.4

白いボールが4個，黒いボールが6個入っている箱から，連続して3個のボールを取り出す。白，白，黒の順番で取り出す確率を

（1） 取り出したボールをもとに戻す場合

（2） もとに戻さない場合

のそれぞれについて求めよ。各事象は以下のように表記する。

W_1	W_2	B_3
1番目に白を取り出す事象	2番目に白を取り出す事象	3番目に黒を取り出す事象

問 2.5

引いたカードのうちの1枚が2であるという条件で，1〜6までのカードから2枚を引くときに，カードの合計が5を超えていない（5以下の）確率を求めよ。

S	A_i	B_j
合計が5を超えない事象	1枚目のカードが i である事象	2枚目のカードが j である事象

2.3 ベイズの定理

キューちゃんの質問コーナー

名探偵物語

- こんな事件が起こったんだって！
- そんな事件を引き起こしそうな人の中で，彼の可能性が高い。
- ということは…。真犯人は彼の可能性が高い！

例 2.7

箱 1 には，白いボールが 2 個と黒いボールが 4 個，箱 2 には白いボールが 3 個と黒いボールが 1 個入っている。これらの 2 種類の箱の個数が 6 対 4 の割合，すなわち，$P(1) = 6/10$，$P(2) = 4/10$ で，一つの袋に入れられているものとする。ここで，袋の中に手を入れて，手探りでいずれかの箱からボールを 1 個取り出す。取り出した人はいずれの箱から取り出したかはわからない。

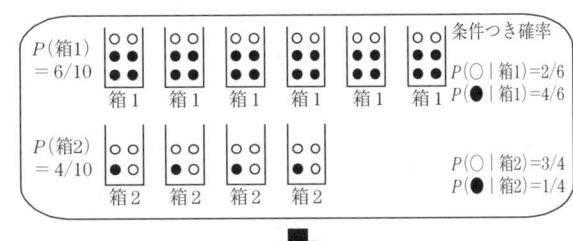

$P(箱1) = 6/10$

$P(箱2) = 4/10$

条件つき確率

$P(○ | 箱1) = 2/6$
$P(● | 箱1) = 4/6$

$P(○ | 箱2) = 3/4$
$P(● | 箱2) = 1/4$

ボールを一つ取り出す

「取り出したあとで,いずれの箱から取り出したかを推定する」というのがここで扱う問題である。では,白いボールが取り出されたとして,箱1,または箱2から取り出された確率は,それぞれいくらになるのだろうか?

ワンポイント ベイズの定理

例 2.7 は,以下の図のように考える。

1 と 2 は,それぞれ事象"箱1から取り出す","箱2から取り出す"を表し,また W と B は,それぞれ"白いボール","黒いボール"であることを表す。

	ボール W	ボール B
箱1	$P(1, W)$	$P(1, B)$
箱2	$P(2, W)$	$P(2, B)$

$+\downarrow$ $+\downarrow$

$P(W)$	$P(B)$

$+ \rightarrow P(1)$
$+ \rightarrow P(2)$

このとき,箱1,かつ白いボールである確率 $P(1, W)$ は
$$P(1, W) = P(W|1)P(1),\ \text{または}\ P(1, W) = P(1|W)P(W)$$
のように2通りで表すことができる。両式から $P(1|W)$ は
$$P(1|W) = P(W|1)P(1) \div P(W)$$
と導かれる。ここで,$P(W)$ は
$$P(W) = P(1, W) + P(2, W) = P(W|1)P(1) + P(W|2)P(2)$$
であった。したがって,$P(1|W)$ は
$$P(1|W) = \frac{P(1)P(W|1)}{P(1)P(W|1) + P(2)P(W|2)}$$
$$= \frac{\frac{6}{10} \cdot \frac{2}{4+2}}{\frac{6}{10} \cdot \frac{2}{4+2} + \frac{4}{10} \cdot \frac{3}{1+3}} = \frac{2}{5}$$

となる。このような条件つき確率(**事後確率**)の求め方を**ベイズの定理**(Bayes' theorem)と呼ぶ。なお,$P(2|W)$ は,同様にベイズの定理を用いてもよいが,余事象の法則を用いて,つぎのように簡単に求められる。
$$P(2|W) = 1 - P(1|W) = 1 - \frac{2}{5} = \frac{3}{5}$$

問2.6

　血液型の観測値（観測：簡単のため，血液型はA型，B型，O型のみとする）から，その人が日本人かアメリカ人か（状態：日本人，アメリカ人）を推定する問題を取り上げる。この問題において，事前に与えられる二つの前提（事前知識という）は以下のとおりである。

　一つは事前確率と呼ばれる状態の確率分布であり，これは日本人が3割とアメリカ人が7割として与えられる。ほかの一つは単に条件つき確率と呼ばれるものであり，状態が条件として与えられているときの観測の確率分布である。

　これは，もし日本人だったらA型は3割，B型は4割，O型は3割，一方，もしアメリカ人であったらA型は2割，B型は1割，O型は7割というように与えられる。

　これら二つの事前知識のもとで，結合確率分布を求めたのち，観測（つまり血液型）から状態（つまり国籍）を推定する事後確率を求めよ。

事前確率，$p(\omega)$ ← 一つ目の事前知識

カテゴリー, ω	日本人, ω_1	アメリカ人, ω_2
事前確率, $p(\omega)$	$p(\omega_1) = 3/10$	$p(\omega_2) = 7/10$

条件つき確率，$p(x|\omega)$ ← 二つ目の事前知識

カテゴリー, ω / 観測，あるいは特徴量, x	日本人, ω_1	アメリカ人, ω_2
A 型	$p(x_1|\omega_1) = 3/10$	$p(x_1|\omega_2) = 2/10$
B 型	$p(x_2|\omega_1) = 4/10$	$p(x_2|\omega_2) = 1/10$
O 型	$p(x_3|\omega_1) = 3/10$	$p(x_3|\omega_2) = 7/10$

結合確率，あるいは同時生起確率，$p(x, \omega)$ ← 求解の第一ステップ

カテゴリー, ω / 観測，あるいは特徴量, x	日本人, ω_1	アメリカ人, ω_2	xが生起する確率, $p(x)$
A 型	$p(x_1, \omega_1)$ $= \dfrac{3}{10} \times \dfrac{3}{10}$ $= \dfrac{9}{100}$	$p(x_1, \omega_2)$ $= \dfrac{2}{10} \times \dfrac{7}{10}$ $= \dfrac{14}{100}$	$p(x_1)$ $= \dfrac{9}{100} + \dfrac{14}{100}$ $= \dfrac{23}{100}$
B 型	$p(x_2, \omega_1) =$	$p(x_2, \omega_2) =$	$p(x_2) =$
O 型	$p(x_3, \omega_1) =$	$p(x_3, \omega_2) =$	$p(x_3) =$

⬇

事後確率，$p(\omega|x)$ ← 求解の第二ステップ

観測，あるいは特徴量, x \ カテゴリー, ω	日本人, ω_1	アメリカ人, ω_2
A 型	$p(\omega_1\|x_1) = \dfrac{9}{100} \div \dfrac{23}{100}$	$p(\omega_2\|x_1) = \dfrac{14}{100} \div \dfrac{23}{100}$
B 型	$p(\omega_1\|x_2) =$	$p(\omega_2\|x_2) =$
O 型	$p(\omega_1\|x_3) =$	$p(\omega_2\|x_3) =$

問 2.7

二つの引き出しがついているまったく同じ机が二つある。

一つ目の机の下段の引き出しには，金貨が 1 枚，銀貨が 2 枚あり，上段の引き出しには，金貨が 3 枚，銀貨が 2 枚入っている。二つ目の机の下段の引き出しには，金貨が 3 枚，銀貨が 7 枚あり，上段の引き出しには，金貨が 6 枚，銀貨が 4 枚入っている。

ここで，$(L, 1)$ は事象 "一つ目の机の下段の引き出しが選ばれる" を表し，また，G は事象 "金貨が選ばれる" を表すものとする。

$$P(L|1) = P(H|1),\ P(L|2) = 2P(H|2),\ P(1) = P(2)$$

であるとし，$P(1|G)$，$P(2|G)$ を求めよ。

3章 確率変数と確率分布

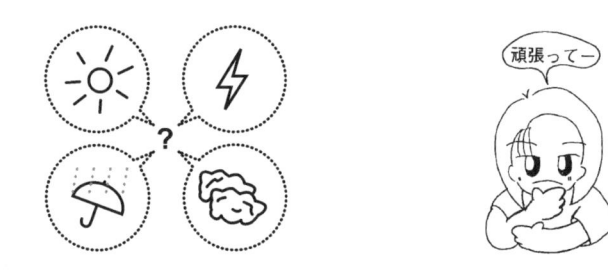

キューちゃんの質問コーナー

- 確率変数って？
- 表・裏，晴れ・雨・曇りなど，本来は数値の意味のない事象を，数値を使って表したものと思えばいいよ！
- そうすると，扱いやすくなるわね。
- じゃあ，確率分布って，何？
- 各事象が空間内で散らばっているようにイメージしよう。その各事象は確率をもつから，確率があちこちに散らばっていることになるネ。
- だから"分布"が出てくるのね。

3.1 離散型確率関数

確率を数学的に取り扱うには，偶然に生起する事象に実数を対応づけると便利である。標本空間のすべての根元事象に，ある実数を対応させたとき，その対応させた実数を**確率変数** (random variable) という。簡単には，確率を伴った（確率が割り当てられた）変数といえる。

特に，**離散型確率関数** (discrete probability function) とは，コインの裏と表に対応させた $\{0, 1\}$，あるいはサイコロの目の数に対応させた $\{1, 2, 3, 4, 5, 6\}$ のように有限個の実数をとる変数，あるいは加算無限個の実数をと

る変数（一つ，二つというように，個数として数えることができるが，その個数が無限個であるような変数）で，各実数が生起する確率が与えられる変数のことである。

補足説明 3.1

🧑 大文字の変数 X と小文字の変数 x の使い分けは？

X と書いたときは，どんな値をとるかわかっていなくて変化する数，すなわち"変数"を表す。一方，x と書いたときは，試行の結果として実現した値，すなわち"実現値"を表す。コインを1回投げる試行では，事象は表/裏の二つである。そのいずれかを総称するときには X と書き，そのいずれかはわからなくても，その中の一つのみを意識しているときには x と書く。

【例】
- 確率変数 X の実現値 x が 6 であることを，$x = 6$ と表す。
- 確率変数 X の実現値 x が生起する確率を $P(x)$ と表す。$P(X)$ とも書く。
- 確率変数 X の実現値 6 が生起する確率を $P(6)$ と表す。$P(X = 6)$，$P(x = 6)$ とも書く。
- 確率変数 X の期待値は $E[X]$ と書く。$E[x]$ とも書く。

例 3.1

コインを2回投げたとする。標本空間を $S = \{HH, HT, TH, TT\}$ とし，H と T はそれぞれコインの表と裏を表す。コインには偏りがないものとすると，$P(HH) = 1/4$, $P(HT) = 1/4$, $P(TH) = 1/4$, $P(TT) = 1/4$ を得る。確率変数 X は表の出た回数を表すものとし，X に対応する離散型確率関数を求めよ。

標本空間	HH	HT	TH	TT
X	2	1	1	0

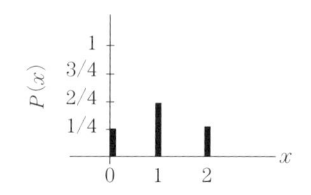

解

$$P(2) = P(HH) = \frac{1}{4}$$

3. 確率変数と確率分布   37

$$P(1) = P(HT) + P(TH) = \frac{1}{4} + \frac{1}{4} = \frac{1}{2}$$

$$P(0) = P(TT) = \frac{1}{4}$$

問 3.1

コインを 4 回投げたとする。X を表が出た回数とし，X に対応する離散型確率関数を求めよ。

3.2 離散型確率関数の分布関数

3.2.1 分布関数

離散型確率変数 X に対して確率関数が $P(x)$ と与えられるとき，x より小さい値 x_i に対する確率 $P(x_i)$ を加算した値，すなわち

公式

$$F(x) = \sum_{x_i \leq x} P(x_i)$$

で定められる関数を **分布関数**（distribution function）という。

例 3.2

例 3.1 の確率変数について，分布関数 $F(x)$ を求め，グラフを描け。

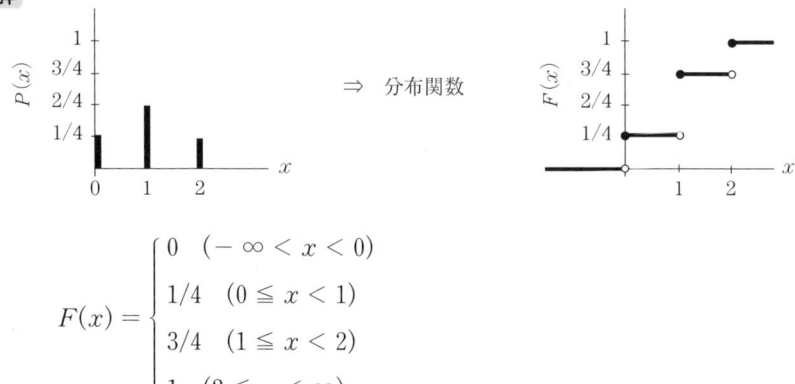

解

$$F(x) = \begin{cases} 0 & (-\infty < x < 0) \\ 1/4 & (0 \leq x < 1) \\ 3/4 & (1 \leq x < 2) \\ 1 & (2 \leq x < \infty) \end{cases}$$

問 3.2

6個の白いボールと2個の黒いボールが入った箱がある。三つのボールをもとに戻すことなく,ランダムに取り出すものとする。X を黒いボールの数とするとき,(1)確率関数,(2)分布関数,を求めよ。

3.2.2 独立と従属

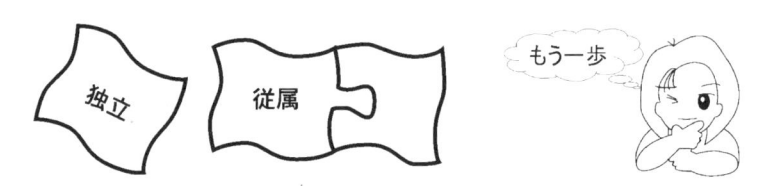

キューちゃんの質問コーナー

🙂 独立って？

🙂 自分は自分の道を行くってこと！

🙂 じゃあ,従属は仲のよい二人ってこと？たがいに相手のことを考えるものね。

ワンポイント X と Y が独立とは？

X の事象（確率変数としたときには実現値）がいずれであっても（例えば,x_1 であっても,x_2 であっても),Y の事象（例えば,y_1 または y_2)の生起とは無関係である。

これは

$$P(y_1|x_1) = P(y_1|x_2), \quad かつ \quad P(y_2|x_1) = P(y_2|x_2)$$

と表すことができる。

最初の式は,x_1 のときに y_1 が生起する確率 $P(y_1|x_1)$ が,x_2 のときに y_1 が生起する確率 $P(y_1|x_2)$ に等しいことを意味する。

では,これを具体的に考えてみよう。いずれも二つの事象をもつ X と Y とが独立である場合には,以下の関係が成り立つ。

独立な場合の例（その1） $P(x_i, y_j)$

	5円玉の表裏 Y	表 $= y_1$	裏 $= y_2$
1円玉の表裏 X		$P(y_1) = q$	$P(y_2) = 1 - q$
表 $= x_1$	$P(x_1) = p$	pq	$p(1-q)$
裏 $= x_2$	$P(x_2) = 1-p$	$(1-p)q$	$(1-p)(1-q)$

独立な場合には，各セルの確率はそのセルに対応する列と行の事象の確率を乗じればよい．では，実際に

$$P(y_1|x_1) = P(y_1|x_2), \text{ かつ } P(y_2|x_1) = P(y_2|x_2)$$

となることを確認してみよう．

まず，x_1 が生起した場合について考える．

$$P(y_1|x_1) = \frac{P(x_1, y_1)}{P(x_1, y_1) + P(x_1, y_2)} = \frac{pq}{pq + p(1-q)} = q$$

$$P(y_2|x_1) = \frac{P(x_1, y_2)}{P(x_1, y_1) + P(x_1, y_2)} = \frac{p(1-q)}{pq + p(1-q)} = 1 - q$$

つぎに，x_2 が生起した場合について考える．

$$P(y_1|x_2) = \frac{P(x_2, y_1)}{P(x_2, y_1) + P(x_2, y_2)} = \frac{(1-p)q}{(1-p)q + (1-p)(1-q)} = q$$

$$P(y_2|x_2) = \frac{P(x_2, y_2)}{P(x_2, y_1) + P(x_2, y_2)} = \frac{(1-p)(1-q)}{(1-p)q + (1-p)(1-q)}$$
$$= 1 - q$$

これらから以下を確認できる．

$$P(y_1|x_1) = P(y_1|x_2), \text{ かつ } P(y_2|x_1) = P(y_2|x_2)$$

独立な場合の例（その1）に対する数値例

	5円玉の表裏 Y	表 $= y_1$	裏 $= y_2$
1円玉の表裏 X		$P(y_1) = 0.7$	$P(y_2) = 0.3$
表 $= x_1$	$P(x_1) = 0.6$	0.42	0.18
裏 $= x_2$	$P(x_2) = 0.4$	0.28	0.12

では，もし三つの事象をもつ X と，二つの事象をもつ Y とが独立である場合にはどうなるのであろうか？

上記の例と同様に，当該のセルに相当する列と行の事象の確率を乗じればよい．

I． 確　　　率

独立な場合の例（その2）$P(x_i, y_j)$

X \ Y		y_1 $P(y_1)=q$	y_2 $P(y_2)=1-q$
x_1	$P(x_1)=p$	pq	$p(1-q)$
x_2	$P(x_2)=r$	rq	$r(1-q)$
x_3	$P(x_3)=1-p-r$	$(1-p-r)q$	$(1-p-r)(1-q)$

公　式

独立性に関する重要な定理

X と Y が独立 $\Leftrightarrow$ すべての x, y について
$$P(x, y) = P(x)\,P(y)$$

X と Y と Z が独立 $\Leftrightarrow$ すべての x, y, z について
$$P(x, y, z) = P(x)\,P(y)\,P(z)$$

従属とは？

では，**従属**（dependent）とはどのような結合確率分布なのだろうか？

従属な場合の例 $P(x_i, y_j)$

1円玉の表裏 X \ 5円玉の表裏 Y		表 $=y_1$ $P(y_1)=q$	裏 $=y_2$ $P(y_2)=1-q$
表 $=x_1$	$P(x_1)=p$	$P(x_1, y_1) \neq pq$	$P(x_1, y_2) \neq p(1-q)$
裏 $=x_2$	$P(x_2)=1-p$	$P(x_2, y_1) \neq (1-p)q$	$P(x_2, y_2) \neq (1-p)(1-q)$

この表のように，いずれかの結合確率において，X と Y の各事象の確率の積になっていない場合には，X と Y は従属しているのである。

従属な場合の例に対する数値例

1円玉の表裏 X \ 5円玉の表裏 Y		表 $=y_1$ $P(y_1)=0.7$	裏 $=y_2$ $P(y_2)=0.3$
表 $=x_1$	$P(x_1)=0.6$	0.4	0.2
裏 $=x_2$	$P(x_2)=0.4$	0.3	0.1

この表の例では

$$P(y_1|x_1) = \frac{0.4}{0.4+0.2} = \frac{2}{3}$$

3. 確率変数と確率分布　　*41*

$$P(y_1|x_2) = \frac{0.3}{0.3+0.1} = \frac{3}{4}$$

であり，確かに，$P(y_1|x_1) \neq P(y_1|x_2)$ となっている。また

$$P(y_2|x_1) = \frac{0.2}{0.4+0.2} = \frac{1}{3}$$

$$P(y_2|x_2) = \frac{0.1}{0.3+0.1} = \frac{1}{4}$$

であり，$P(y_2|x_1) \neq P(y_2|x_2)$ となっている。

3.3　離散型確率変数の平均

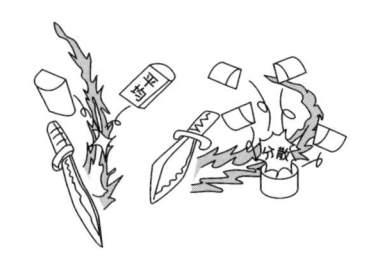

キューちゃんの質問コーナー

🧔 神出鬼没の鬼（確率変数）たちを一気に退治する，伝家の宝刀だ。
　"平均刀"は，まん中の頭目をまっ二つ。"分散刀"は，周囲に散らばる鬼たちを一網打尽。

👧 うわっ！すごい。

　　1等1本　賞金500円 …⇒　1等の賞金総額　　500 × 1 = 500 円
　　2等3本　賞金100円 …⇒　2等の賞金総額　　100 × 3 = 300 円
　　はずれ6本　　　0円 …⇒　はずれの賞金総額　　0 × 6 = 　0 円
　　――――――――――――――――――――――――――――――
　　合計10本　　　　　　…⇒　すべての賞金総額　　　　　800 円

$$\boxed{\begin{array}{c}\text{くじ1本あたりの賞金，つまり}\\ \text{賞金の平均（期待値）}\end{array}} = \boxed{\frac{\text{賞金総額}}{\text{総本数}}} = \frac{800}{10} = 80 円$$

この式の分子をもとのようにして考えると

$$\boxed{\frac{500 \times 1 + 100 \times 3 + 0 \times 6}{10}} = \frac{500 \times 1}{10} + \frac{100 \times 3}{10} + \frac{0 \times 6}{10}$$

$$= \boxed{500} \times \boxed{\frac{1}{10}} + \boxed{100} \times \boxed{\frac{3}{10}} + \boxed{0} \times \boxed{\frac{6}{10}}$$

- 500 円が当たる確率
- 100 円が当たる確率
- はずれの確率

ある試行で，確率変数 X のとる値が $x_1, x_2, x_3, \cdots, x_n$, それぞれの確率が $p_1, p_2, p_3, \cdots, p_n$ (当然, $p_1 + p_2 + p_3 + \cdots + p_n = 1$) とする．このとき，確率変数 X について，**平均** (mean) μ_X はおよその大きさを教えてくれる．

公 式

確率変数 X の平均 μ_X は X の期待値 $E[X]$ であり, x と確率 $P(x)$ との積和, すなわち以下のように与えられる.

$$\mu_X = E[X] = \sum_{i=1}^{n} x_i P_x(x_i) = x_1 p_1 + x_2 p_2 + x_3 p_3 + \cdots + x_n p_n$$

公 式

$$E[X + Y] = E[X] + E[Y]$$
$$E[aX + bY + c] = aE[X] + bE[Y] + c$$

X と Y が独立なときには
$$E[XY] = E[X]E[Y]$$
また $P(x_i, y_j) = P(x_i)P(y_j)$

X と Y が独立でないときには
$$E[XY] = \sum_i \sum_j x_i y_j P(x_i, y_j) \neq E[X]E[Y]$$
また $P(x_i, y_j) = P(x_i)P(y_j|x_i)$

アッそうか！

$E[aX + bY + c] = aE[X] + bE[Y] + c$ の証明

$$E[aX + bY + c] = \sum_i \sum_j (ax_i + by_j + c) P(x_i, y_j)$$

$$= \sum_i \sum_j ax_i P(x_i, y_j) + \sum_i \sum_j by_j P(x_i, y_j) + \sum_i \sum_j c P(x_i, y_j)$$

$$= a \sum_i x_i \sum_j P(x_i, y_j) + b \sum_j y_j \sum_i P(x_i, y_j)$$

$$+ c \sum_i \sum_j P(x_i, y_j)$$

$$= a\sum_i x_i P(x_i) + b\sum_j y_j P(y_j) + c$$
$$= aE[X] + bE[Y] + c$$

ただし，$\sum_i \sum_j P(x_i, y_j) = 1$

例 3.3

A のくじ引きでは，$\$1$ の当たりが 100 本，$\$10$ の当たりが 10 本，$\$100$ の当たりが 1 本ある．くじ引き券が 1 000 枚発行されたとする．確率変数 X を A のくじ引きの当たり金額とする．X の**期待値** (expectation)，すなわち当たりの金額 X の平均は

$$\mu_X = E[X] = \sum_i x_i P_X(x_i) = x_1 P(x_1) + x_2 P(x_2) + x_3 P(x_3) + x_4 P(x_4)$$
$$= 1 \times \frac{100}{1\,000} + 10 \times \frac{10}{1\,000} + 100 \times \frac{1}{1\,000} + 0 \times \frac{889}{1\,000}$$
$$= 0.3\,[\$]$$

一方の B のくじ引きには，$\$50$ の当たりが 8 本入っている．くじ引き券が 500 枚発行されたとする．確率変数 Y を B のくじ引きの当たり金額とする．Y の期待値は

$$\mu_Y = E[Y] = y_1 P(y_1) + y_2 P(y_2)$$
$$= 50 \times \frac{8}{500} + 0 \times \frac{492}{500} = 0.8\,[\$]$$

このとき，A と B のくじを 1 枚ずつ買った場合の期待値 $E[X+Y]$ は

$$\mu_{X+Y} = E[X+Y] = E[X] + E[Y]$$
$$= 0.3 + 0.8 = 1.1\,[\$]$$

A のくじを 2 枚と，B のくじを 3 枚買った場合の期待値 $E[2X+3Y]$ は

$$\mu_{2X+3Y} = E[2X+3Y] = 2E[X] + 3E[Y]$$
$$= 2 \times 0.3 + 3 \times 0.8 = 3.0\,[\$]$$

もし，X と Y がそれぞれ独立な確率変数であるとすると

$$\mu_{XY} = E[XY] = E[X]E[Y] = 0.3 \times 0.8 = 0.24$$

これは，独立のいかんにかかわらず，つねに成り立つ関係式，$\mu_{XY} = E[XY] = \sum_i \sum_j x_i y_j P(x_i, y_j)$ を用いても求めることができる．ここで，$P(x_i, y_j)$ は

x_i と y_j との組で与えられる二次元確率変数の実現値 (x_i, y_j) に対する確率を表し，**結合確率関数**と呼ばれる．

本例では，特に X と Y が独立であることから $P(x_i, y_j) = P(x_i)P(y_j)$ を用いても結合確率関数が求められるので

X \ Y	$y_1 = 50$	$y_2 = 0$
$x_1 = 1$	$\dfrac{100}{1\,000} \times \dfrac{8}{500} = \dfrac{16}{10\,000}$	$\dfrac{100}{1\,000} \times \dfrac{492}{500} = \dfrac{984}{10\,000}$
$x_2 = 10$	$\dfrac{10}{1\,000} \times \dfrac{8}{500} = \dfrac{16}{100\,000}$	$\dfrac{10}{1\,000} \times \dfrac{492}{500} = \dfrac{984}{100\,000}$
$x_3 = 100$	$\dfrac{1}{1\,000} \times \dfrac{8}{500} = \dfrac{16}{1\,000\,000}$	$\dfrac{1}{1\,000} \times \dfrac{492}{500} = \dfrac{984}{1\,000\,000}$
$x_4 = 0$	$\dfrac{889}{1\,000} \times \dfrac{8}{500} = \dfrac{14\,224}{1\,000\,000}$	$\dfrac{889}{1\,000} \times \dfrac{492}{500} = \dfrac{874\,776}{1\,000\,000}$

$$\mu_{XY} = E[XY] = 1 \times 50 \times \frac{16}{10\,000} + 1 \times 0 \times \frac{984}{10\,000}$$
$$+ 10 \times 50 \times \frac{16}{100\,000} + 10 \times 0 \times \frac{984}{100\,000}$$
$$+ 100 \times 50 \times \frac{16}{1\,000\,000} + 100 \times 0 \times \frac{984}{1\,000\,000}$$
$$+ 0 \times 50 \times \frac{14\,224}{1\,000\,000} + 0 \times 0 \times \frac{874\,776}{1\,000\,000}$$
$$= 0.24$$

となる．このように X と Y が独立しているので

$$\mu_{XY} = E[XY] = E[X]E[Y] = 0.3 \times 0.8 = 0.24$$

と同じ結果になる．

問 3.3

確率変数 X と Y がつぎのとき，$E[X]$，$E[Y]$，$E[2X+1]$，$E[2X+3Y]$，$E[X^2]$，$E[Y^2]$，$E[X^2+Y^2]$ をそれぞれ求めよ．

$$X = \begin{cases} -1, & P(-1) = 1/4 \\ 0, & P(0) = 1/8 \\ 1, & P(1) = 5/8 \end{cases} \quad Y = \begin{cases} 2, & P(2) = 1/2 \\ 3, & P(3) = 1/2 \end{cases}$$

例 3.4

つぎの結合確率関数 $P(x_i, y_j)$ の場合には,期待値 $E[XY]$ は以下のようになる(これは X と Y が従属している場合の例である)。

$$\mu_{XY} = E[XY]$$

$$= 1 \times 50 \times \frac{6}{1\,000} + 1 \times 0 \times \frac{94}{1\,000} + 10 \times 50 \times \frac{10}{1\,000} + 10 \times 0 \times 0$$

$$+ 100 \times 50 \times 0 + 100 \times 0 \times \frac{1}{1\,000} + 0 \times 50 \times 0 + 0 \times 0 \times \frac{889}{1\,000}$$

$$= \frac{53}{10}$$

$P(x_i, y_i)$ の表

X \ Y	$y_1 = 50$	$y_2 = 0$
$x_1 = 1$	6/1 000	94/1 000
$x_2 = 10$	10/1 000	0
$x_3 = 100$	0	1/1 000
$x_4 = 0$	0	889/1 000

問 3.4

以下の確率関数について,(1)結合確率関数 $P(x_i, y_j)$,(2)期待値 $E[X+Y]$,(3)$E[XY]$,を求めよ。

X	0	1	10
$P(x)$	0.89	0.1	0.01

$P(y|x)$

Y \ X	0	1	10
0	1	0	0.8
2	0	1	0.2

ところで,上記のように確率関数ではなく $x_1, x_2, \cdots, x_n$ のような標本しか与えられていないときには,平均 μ_X はどのように求めればよいのだろうか? この場合には,母集団すべてのデータがないと真の平均は求められず,母集団の一部でしかない標本からは,(真の)平均 μ_X については"推定する"ことしかできない。

公 式

$x_1, x_2, \cdots, x_n$ のように標本が得られたとき，これらの標本から平均 μ_X の推定値 $\bar{X}$ は，次式より求められる。これは**標本平均**と呼ばれる。

$$\bar{X} = \frac{\sum_{i=1}^{n} x_i}{n} = \frac{x_1 + x_2 + \cdots + x_n}{n}$$

$x_1, x_2, \cdots, x_n$ を，それぞれ確率変数と見て $X_1, X_2, \cdots, X_n$ と表すと

$$\bar{X} = \frac{X_1 + X_2 + \cdots + X_n}{n}$$

とも書ける。

例 3.5

ある学級の生徒100人から，4人を抽出して得られた体重のデータが 72, 74, 75, 79 であった。このときの標本平均 $\bar{X}$ は以下のように求められる。

$$\bar{X} = \frac{72 + 74 + 75 + 79}{4} = \frac{300}{4} = 75$$

補足説明 3.2

　標本平均の計算は面倒！楽に計算できないの？

　大きい数字の計算の代わりに，小さい数字の計算で済ます裏技だよ。

　仮数 a を持ち出して，それと $X_1, X_2, \cdots, X_n$ の差を $\Delta X_1, \Delta X_2, \cdots, \Delta X_n$ と表そう。すると，$X_1 = a + \Delta X_1, X_2 = a + \Delta X_2, \cdots,$ となる。この仮数 a はどんな値でもよい。できる限り平均に近い値であれば，あとの計算はそれだけ簡単になる。このとき

$$\bar{X} = \frac{X_1 + X_2 + \cdots + X_n}{n}$$

の計算は

$$\bar{X} = \frac{a + \Delta X_1 + a + \Delta X_2 + \cdots + a + \Delta X_n}{n}$$
$$= \frac{na + \Delta X_1 + \Delta X_2 + \cdots + \Delta X_n}{n}$$

となり，これはさらに，以下の便利な公式になる。

$$\bar{X} = a + \frac{\Delta X_1 + \Delta X_2 + \cdots + \Delta X_n}{n}$$

では，先の例題で，この公式を使ってみよう．
　$a = 73$
とすると，$\Delta X_1 = -1$，$\Delta X_2 = 1$，$\Delta X_3 = 2$，$\Delta X_4 = 6$ となり
$$\bar{X} = 73 + \frac{-1 + 1 + 2 + 6}{4} = 73 + 2 = 75$$
というように，とても簡単に求められる．

3.4　離散型確率変数の分散と標準偏差

3.4.1　分　　散

公　式

確率変数 X とその平均 μ_X との差の 2 乗，$(X - \mu_X)^2$ の期待値，すなわち $E[(X - \mu_X)^2]$ を変数 x の**分散**（variance）といい，$\sigma_X{}^2$ と表す．
$$\sigma_X{}^2 = E[(X - \mu_X)^2]$$
特に，確率変数の実現値 x_i が n 個，その確率分布が $P(x_i)$ であれば
$$\sigma_X{}^2 = E[(X - \mu_X)^2] = \sum_{i=1}^{n}(x_i - \mu_X)^2 P(x_i)$$
$$= (x_1 - \mu_X)^2 P(x_1) + (x_2 - \mu_X)^2 P(x_2) + \cdots + (x_n - \mu_X)^2 P(x_n)$$

μ_X は X の平均なので，$X - \mu_X$ は正になったり負になったりする．しかし，$(x_i - \mu_X)^2$ はそれを 2 乗しているので，必ず正になる．その意味で，ばらつきの大きさを反映する．よって，分散は，ばらつきの程度を表す"ものさし"になるといえよう．ただし，分散は 2 乗したものなので以下のように，

公　式

ばらつきの大きさを表すものは分散の平方根であり，**標準偏差**（standard deviation）と呼ばれ，確率変数 X に対しては σ_X と表す．
$$\sigma_X = \sqrt{\sigma_X{}^2}$$

ただし，有限個の標本から分散を求める場合には，つぎのことに注意しなければならない。

> **公式**
>
> x_1, x_2, $\cdots$, x_n のように標本が得られたとき，それらの標本から，分散 $\sigma_X{}^2$ の推定値 $s_X{}^2$ は
>
> $$s_X{}^2 = \frac{\sum_{i=1}^{n}(x_i - \bar{X})^2}{n-1} = \frac{(x_1 - \bar{X})^2 + (x_2 - \bar{X})^2 + \cdots + (x_n - \bar{X})^2}{n-1}$$
>
> により求められる。
>
> これは，標本から求めた分散ということで**標本分散**と呼ばれる。また，母分散（母集団の分散）の不偏推定量（II編**1.2**節参照）ということで，**不偏分散** (unbiased variance) とも呼ばれる。
>
> $(n-1)$ で除していることに注意せよ。ただし，$\bar{X}$ は標本平均である。

x_1, x_2, $\cdots$, x_n を，それぞれ確率変数と見て X_1, X_2, $\cdots$, X_n と表すと

$$s_X{}^2 = \frac{(X_1 - \bar{X})^2 + (X_2 - \bar{X})^2 + \cdots + (X_n - \bar{X})^2}{n-1}$$

とも書ける。この $s_X{}^2$ の平方根 s_X は，標本数が10以上であれば近似的に母標準偏差（母集団の標準偏差）の不偏推定量となる。しかし，小さいほど大きめにしなければならない。例えば，標本数が 10, 6, 4, 2 のときには，それぞれ $1.03 s_X$，$1.05 s_X$，$1.09 s_X$，$1.25 s_X$ になる。

例 3.6

ある学級の生徒100人から，4人を抽出して得られた体重のデータが 72, 74, 75, 79 であった。このときの標本分散 $s_X{}^2$ は，$\bar{X} = 75$ なので

$$s_X{}^2 = \frac{(72-75)^2 + (74-75)^2 + (75-75)^2 + (79-75)^2}{4-1}$$

$$= \frac{9+1+0+16}{3} = \frac{26}{3} \fallingdotseq 8.7$$

のように求められる。

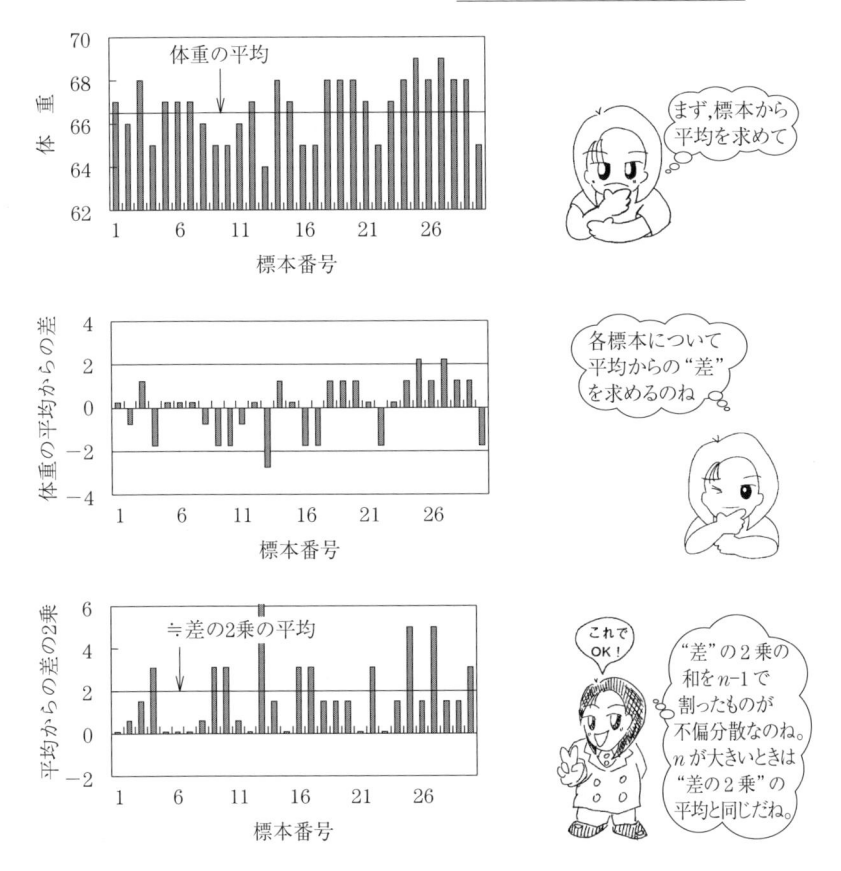

3.4.2 共　分　散

例えば，ある学級の学生 100 人について，各人の身長 X と体重 Y を測定したとしよう。この身長 X と体重 Y のように，サンプルされた各データが 2 変数の組 (x_1, y_1) として与えられているとき，このデータは，統計的にはどのように把握することができるのだろうか？

まず，X の平均と Y の平均が，つぎに，X の分散と Y の分散が考えられる。これらにより，X と Y を個別に見たときの分布の概要を知ることができる。それで十分であろうか？

身長 X と体重 Y を，それぞれ横軸と縦軸にとって，個々のデータをプロ

ットしてみよう。なかには、やせた人（Xが大きいが、Yは小さい）や太った人（Xが小さいが、Yは大きい）もいるが、全体としては、背が高ければ体重も重い（Xが大きければ、Yも大きい）、逆に背が低ければ体重も軽い（Xが小さければ、Yも小さい）傾向にあるだろうから、つぎの表中の図(a)のように、右上がりに傾いてばらつくことになる。座標軸の原点をXとYの平均に移動させると、図(a)は図(b)のように表現できる。

	xの残差 $x_1-\mu_X$	yの残差 $y_1-\mu_Y$	$(x_1-\mu_X)(y_1-\mu_Y)$	共分散 τ_{XY}	座 標
●	+	+	+	+	図(a) 図(b)
○	−	−	+		
●	+	−	−	−	図(c)
○	−	+	−		
●●	+	±	±	0	図(d)
○○	−	±	∓		

つぎに、Yとして体重をとる代わりに何かの試験の成績をとってみよう。試験の成績は身長には無関係である。したがって、身長Xと成績Yのプロットは、図(d)のように傾かないでまっすぐに正立してばらつくことになる。

もし、Yとして座高をとったらどうなるだろうか？身長が大きければ、ほとんど身長に比例して座高は高くなっているだろう。このときには、やはり右上がりに傾いているが、ほとんど一直線上にプロットされるだろう。

これらの例から、2変数の生起のしかたにはさまざまな傾向が存在することがわかる。その傾向とは、一方の変数値の大小と、他方の変数値の大小とのあいだに存在する**相関**の大小であり

・身長と体重は、正の相関がやや大きい

- 身長と座高は，正の相関が大きい
- 身長と成績は，相関がない

というように表現される。

この相関を表す"ものさし"が，以下の共分散である。

> **公 式**
>
> $$\tau_{XY} = E[(X - \mu_X)(Y - \mu_Y)]$$
>
> を変数 X，Y の **共分散**（covariance）という。もし有限個の事象 x_i, y_j が，それぞれ $P_{XY}(x_i, y_j)$ となる確率で生起する場合には，X と Y との共分散 τ_{XY} は
>
> $$\tau_{XY} = \sum_{i=1}^{n}\sum_{j=1}^{n}\{(x_i - \mu_X)(y_j - \mu_Y)\}P(x_i, y_j)$$

により求めることができる。さらに

> **公 式**
>
> 標本のデータが，二つの変量の組 (x_1, y_1), (x_2, y_2), $\cdots$, (x_n, y_n) として得られたとすれば，それらの標本から共分散 τ_{XY} の推定値 s_{XY} は
>
> $$s_{XY} = \frac{\sum_{i=1}^{n}(x_i - \bar{X})(y_i - \bar{Y})}{n-1}$$
>
> $$= \frac{(x_1 - \bar{X})(y_1 - \bar{Y}) + (x_2 - \bar{X})(y_2 - \bar{Y}) + \cdots + (x_n - \bar{X})(y_n - \bar{Y})}{n-1}$$

により求められる。s_{XY} は標本共分散といったほうが誤解をまねかないが，一般的には共分散と呼んでいる。

x と y の残差の符号と τ_{XY} の符号の関係を考察する。x が増せば y も増す傾向にあるときは，$(x - \mu_X)(y - \mu_Y)$ は正が多いから τ_{XY} は正，一方，x が増せば y は減る傾向にあるときは，$(x - \mu_X)(y - \mu_Y)$ は負が多いから τ_{XY} は負となる。

このように共分散は，二つの確率変数相互の関係，すなわち相関を表す統計量といえる。特に，X と Y が独立であるとき，すなわち分布が傾いていないときには，$\tau_{XY} = 0$ となることに注意せよ。

例 3.7

ある学級の生徒 100 人から，4 人を抽出して得られた（身長，体重）のデータが (160, 72)，(160, 74)，(165, 75)，(175, 79) であった。このときの標本共分散 $\hat{\tau}_{XY}$ は，$\bar{X} = 165$，$\bar{Y} = 75$ なので

$$\hat{\tau}_{XY} = \{(160 - 165)(72 - 75) + (160 - 165)(74 - 75)$$
$$+ (165 - 165)(75 - 75) + (175 - 165)(79 - 75)\}/(4 - 1)$$
$$= \frac{(-5) \times (-3) + (-5) \times (-1) + 0 \times 0 + 10 \times 4}{3} = \frac{60}{3} = 20$$

のように求められる。

例 3.8

確率変数 X と Y について考える。それぞれ

$X = $ コインを投げて表が出た回数

$Y = $ サイコロを投げたときに出る目の数

$P(x_i, y_j)$						
x_i \ y_j	1	2	3	4	5	6
0	$\frac{1}{12}$	$\frac{1}{12}$	$\frac{1}{12}$	$\frac{1}{12}$	$\frac{1}{12}$	$\frac{1}{12}$
1	$\frac{1}{12}$	$\frac{1}{12}$	$\frac{1}{12}$	$\frac{1}{12}$	$\frac{1}{12}$	$\frac{1}{12}$

実現しうる値，$X = 0$ と $X = 1$ に対して，$P_X(0) = 1/2$ と $P_X(1) = 1/2$，Y に対しては，$P_Y(1) = 1/6$，$P_Y(2) = 1/6$，$P_Y(3) = 1/6$，$P_Y(4) = 1/6$，$P_Y(5) = 1/6$，$P_Y(6) = 1/6$ となる。

X と Y の平均値 μ_X と μ_Y は

$$\mu_X = E[X] = 0 \times \frac{1}{2} + 1 \times \frac{1}{2} = \frac{1}{2}$$

$$\mu_Y = E[Y] = 1 \times \frac{1}{6} + 2 \times \frac{1}{6} + 3 \times \frac{1}{6} + 4 \times \frac{1}{6} + 5 \times \frac{1}{6} + 6 \times \frac{1}{6}$$
$$= \frac{7}{2}$$

X の分散 $\sigma_X{}^2$ は

$$\sigma_X{}^2 = E[(X - \mu_X)^2] = \sum_i (x_i - \mu_X)^2 P_X(x_i)$$

$$= \left(0 - \frac{1}{2}\right)^2 \times \frac{1}{2} + \left(1 - \frac{1}{2}\right)^2 \times \frac{1}{2} = \frac{1}{4}$$

また，X の標準偏差 σ_X は

$$\sigma_X = \sqrt{\sigma_X{}^2} = \sqrt{\frac{1}{4}} = \frac{1}{2}$$

同様に

$$\sigma_Y{}^2 = \left(1 - \frac{7}{2}\right)^2 \times \frac{1}{6} + \left(2 - \frac{7}{2}\right)^2 \times \frac{1}{6} + \left(3 - \frac{7}{2}\right)^2 \times \frac{1}{6}$$

$$+ \left(4 - \frac{7}{2}\right)^2 \times \frac{1}{6} + \left(5 - \frac{7}{2}\right)^2 \times \frac{1}{6} + \left(6 - \frac{7}{2}\right)^2 \times \frac{1}{6} = \frac{35}{12}$$

$$\sigma_Y = \sqrt{\frac{35}{12}}$$

さらに，X と Y の積 XY の分散は

$$\sigma_{XY}{}^2 = E[(XY - \mu_{XY})^2] = E[(XY)^2 - 2XY\mu_{XY} + \mu_{XY}{}^2]$$

$$= E[(XY)^2] - 2\mu_{XY}E[XY] + \mu_{XY}{}^2 E[1]$$

$$= E[(XY)^2] - 2\mu_{XY}{}^2 + \mu_{XY}{}^2$$

$$= E[(XY)^2] - \mu_{XY}{}^2$$

$$= \sum_i \sum_j (x_i y_j)^2 P(x_i y_j) - \left\{\sum_i \sum_j x_i y_j P(x_i y_j)\right\}^2$$

$$= (1 \cdot 1)^2 (1/12) + (1 \cdot 2)^2 (1/12) + \cdots + (1 \cdot 6)^2 (1/12)$$

$$- \{(1 \cdot 1)(1/12) + (1 \cdot 2)(1/12) + \cdots + (1 \cdot 6)(1/12)\}^2 \approx 4.52$$

$$\sigma_{XY} \approx 2.13$$

σ_{XY} は，以下のように τ_{XY} とはまったく異なるものであることに注意せよ[†]。

[†] 本書の記法に従えば，X と Y の共分散 τ_{XY} に対応する標本共分散は，s_{XY} と書ける。
一方，X と Y の積 XY の分散 $\sigma_{XY}{}^2$ に対応する標本分散は $s_{XY}{}^2$，その平方根は s_{XY} と書くことになる。両者は意味が異なっているにもかかわらず，同じ記号になっていることに注意せよ。後者を使うことはほとんどないが，同時に使用するときには，例えば前者を $s_{X,Y}$，後者を $s_{X \cdot Y}$ というように別の記号を使って混同しないようにするとよい。

$$\tau_{XY} = E[(X-\mu_X)(Y-\mu_Y)] = \sum_i \sum_j (x_i - \mu_X)(y_j - \mu_Y) P(x_i y_j)$$

$$= (0-0.5)(1-3.5) \times \frac{1}{12} + (0-0.5)(2-3.5) \times \frac{1}{12} + \cdots$$

$$+ (0-0.5)(6-3.5) \times \frac{1}{12} + (1-0.5)(1-3.5) \times \frac{1}{12}$$

$$+ (1-0.5)(2-3.5) \times \frac{1}{12} + \cdots + (1-0.5)(6-3.5) \times \frac{1}{12}$$

$$= 0$$

問 3.5

X と Y は，二つのサイコロのそれぞれの出る目の数を表すものとしたとき，サイコロを振って出る目の期待値を求めよ．μ_X, μ_Y, μ_{X+Y}, σ_X^2, σ_Y^2, σ_{X+Y}^2, μ_{XY}, σ_{XY}^2 をそれぞれ求めよ．

3.4.3 分散の伝搬

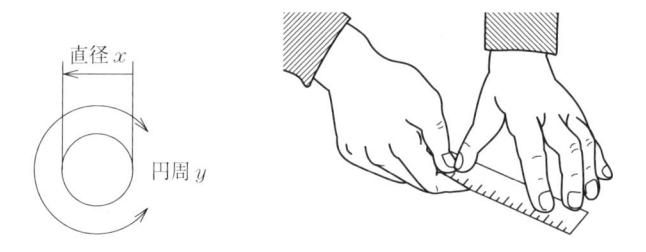

ものさしを使って円周を求める問題を考えよう．円周は曲線なのに，ものさしは曲がらない！どうすればよいのだろうか？

直径なら，ものさしで測ることができる．そして，円周を y，直径を x とおくと，両者は $y = \pi x$ で関係づけられる．この関係を利用すれば，円周 y は直径 x から推定することができる．

ここで，直接測定した円の直径は，直接測定量といわれ，その直接測定量から間接的に求められる円周は，間接測定量といわれる．直接測定量，間接測定量は，数学的には，それぞれ独立変数，従属変数と呼ばれる．

このように，世の中のさまざまな現象を理解するうえで，直接測定量と間接

3. 確率変数と確率分布

測定量とのあいだで成立する関係式（"モデル"といわれる）を見い出し，それに基づいて間接的に測定（推定）することはよく行われる。

ところで，直接測定した値には誤差（ばらつき）は避けられない。そして，直接測定した量に誤差が含まれていれば，それに基づいて間接的に求めた量にも誤差（ばらつき）が伝搬することは避けられない。この現象を誤差の伝搬と呼ぶ。

本項では，誤差の伝搬に関わる重要な法則である，**誤差伝搬則**（law of propagation of errors）について述べる。ここで，誤差，すなわち，ばらつきは分散によって定量化されるので，誤差伝搬則は分散の伝搬にかかわる法則といえる。

さて，先の y と x の関係，すなわち，y が x に比例する関係をさらに一般化して，つぎの図のように，y が x の比例項 ax と定数項 b の和として表される一次関数，すなわち

$$y = ax + b$$

を前提としよう。このように表しても，分散の伝搬に関する考え方は同じものとなる。

図を見れば，X の分散と，それが伝搬して生じる $aX + b$ の分散の関係に対する答は見えてくる。ばらつきの大きさは a 倍されるだけである。分散は

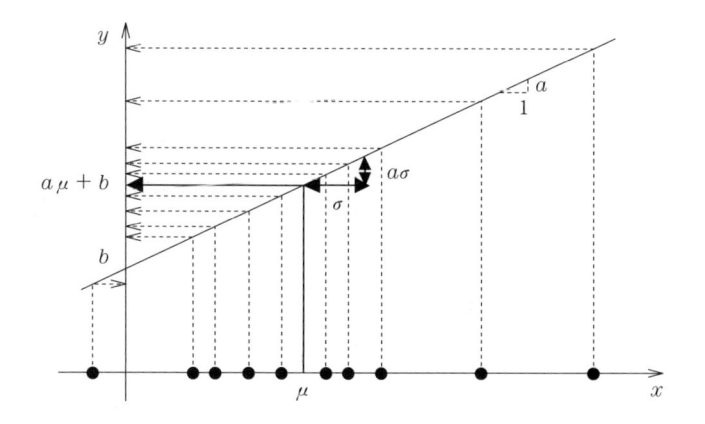

ばらつきの2乗の期待値なので，その2乗，つまり2乗倍になると推測される。以下ではこれを厳密に計算する。

はじめに，期待値の計算にかかわる重要な関係式を思い出そう（Ⅰ編**3.3**節参照）。a, b を定数，X が確率変数であることに注意すると

$$E[aX + b] = \sum_{i=1}^{n}(ax_i + b)P(x_i)$$

$$= a\sum_{i=1}^{n}x_iP(x_i) + b\sum_{i=1}^{n}P(x_i)$$

$$= aE[X] + b = a\mu_X + b$$

が得られる。さらに，X の変動の大きさを表す一つのものさしである X の分散 σ_X^2 と，X の関数 $aX + b$ の分散 σ_{aX+b}^2 の関係を求める。

$$\sigma_{aX+b}^2 = E[\{(aX + b) - \mu_{aX+b}\}^2] = E[\{(aX + b) - (a\mu_X + b)\}^2]$$

$$= E[\{a(X - \mu_X)\}^2] = a^2E[(X - \mu_X)^2] = a^2\sigma_X^2$$

このように，$aX + b$ の分散は，b には無関係であり，比例係数の2乗倍になるのである。

さらには，X だけでなく Y の関数としても与えられる $aX + bY + c$ の場合には（ここで，a, b, c は定数である）

$$\sigma_{aX+bY+c}^2 = E[\{(aX + bY + c) - \mu_{aX+bY+c}\}^2]$$

$$= E[\{(aX + bY + c) - (a\mu_X + b\mu_Y + c)\}^2]$$

$$= E[\{a(X - \mu_X) + b(Y - \mu_Y)\}^2]$$

$$= E[a^2(X - \mu_X)^2 + b^2(Y - \mu_Y)^2$$

$$+ 2ab(X - \mu_X)(Y - \mu_Y)]$$

$$= a^2E[(X - \mu_X)^2] + b^2E[(Y - \mu_Y)^2]$$

$$+ 2abE[(X - \mu_X)(Y - \mu_Y)]$$

$$= a^2\sigma_X^2 + b^2\sigma_Y^2 + 2ab\tau_{XY}$$

例3.9

直径のデータが測定誤差のため，72, 74, 75, 79 のようにばらついた。このとき，円周の誤差の分散はいくらか？

解 直径のデータの標本平均 $\bar{X}$ は 75.0（**例 3.5** 参照）となる。円周はその 3.14 倍なので，平均は $3.14 \times 75.0 ≒ 236$ と求められる。

また，直径のデータの標本分散 $s_X{}^2$ は 8.7（**例 3.6** 参照）となる。よって，円周の標本分散は $3.14^2 \times 8.7 ≒ 86$ と求められる。

問 3.6

直径が 1 cm の鉄の棒がある。その長さを測って質量を求めたい。長さのデータが 72, 74, 75, 79 cm であったとする。質量の平均と分散はいくらか？ただし鉄の密度は 7.87 g/cm³ とする。

3.5 連続型確率変数の分布関数

A 君が昼食を終える時刻は，午後 0 時以後，時刻に比例して終える可能性が高くなって，午後 1 時に最大となる。そのあとは，時刻に比例して終える可能性が低くなって，午後 2 時に 0 となるものとする。この例では，A 君が昼食を終える時刻は，0〜2 というような，ある範囲内のいずれの実数値としても生起しうる。この例のように，ある範囲のすべての実数が生起しうる確率変数のことを，**連続型確率変数**という。

> **公式**
>
> 連続型確率変数においては，特定の区間 $a \leq X \leq b$ に生起する確率 $P(a \leq X \leq b)$ は
> $$P(a \leq X \leq b) = \int_a^b P(x)dx$$
> により求められる。この関数 $P(x)$ を確率密度関数という。

なお，以下に注意せよ。
$$P(a < X < b) = P(a \leq X < b)$$
$$= P(a < X \leq b) = P(a \leq X \leq b)$$

公式

連続型確率変数 X に対しては，確率密度関数が $P(x)$ で与えられるとき，分布関数 $F(x)$ は次式により定められる。

$$F(x) = \int_{-\infty}^{x} P(x)dx$$

例 3.10

A君が昼食を終える時刻を確率変数 X と表すと，その確率密度関数は，つぎのように与えられる。

$$P(x) = \begin{cases} x & (0 \leq x < 1) \\ -x+2 & (1 \leq x \leq 2) \\ 0 & (その他) \end{cases}$$

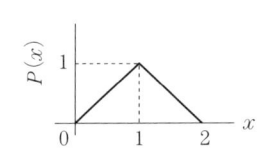

このとき，例えば，区間 $0.5 \leq X \leq 1.5$ で生起する確率は

$$P(0.5 \leq X \leq 1.5) = \int_{0.5}^{1.5} P(x)dx = \int_{0.5}^{1.0} x\,dx + \int_{1.0}^{1.5}(-x+2)dx$$

$$= \left[\frac{1}{2}x^2\right]_{0.5}^{1.0} + \left[-\frac{1}{2}x^2 + 2x\right]_{1.0}^{1.5} = \frac{3}{8} + \frac{3}{8} = \frac{3}{4}$$

となる。また，分布関数 $F(x)$ は次式で与えられる。

$$F(x) = \begin{cases} 0 & (-\infty \leq x < 0) \\ \int_0^x x\,dx = \dfrac{x^2}{2} & (0 \leq x < 1) \\ \dfrac{1}{2} + \int_1^x(-x+2)dx = \dfrac{1}{2} + \left[-\dfrac{x^2}{2} + 2x\right]_1^x \\ \qquad\qquad = -\dfrac{x^2}{2} + 2x - 1 & (1 \leq x \leq 2) \\ 1 & (2 < x) \end{cases}$$

問 3.7

確率変数 Y の分布関数 $F(y)$ を求めよ。なお、このような分布を、均一分布あるいは一様分布という。

$$P(y) = \begin{cases} \dfrac{1}{2} & (0 \leq y \leq 2) \\ 0 & (その他) \end{cases}$$

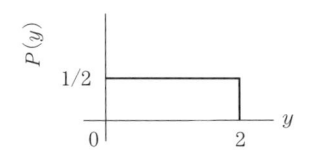

3.6 連続型確率変数の平均

例 3.11

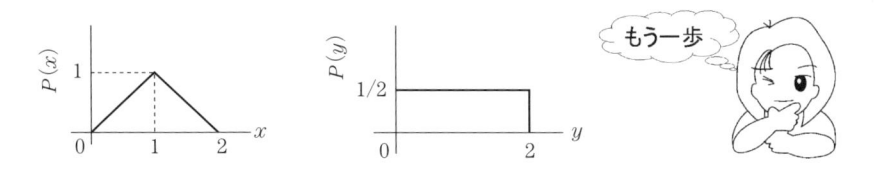

例 3.10 における X の平均、つまり X の期待値は

$$\mu_X = E[X] = \int_{-\infty}^{\infty} xP(x)dx \quad \leftarrow \quad 比較 \quad \rightarrow \quad \sum_i x_i P_X(x_i)$$

$$= \int_0^1 xx\,dx + \int_1^2 x(-x+2)dx = \left[\frac{x^3}{3}\right]_0^1 + \left[-\frac{x^3}{3} + x^2\right]_1^2$$

$$= \frac{1}{3} + \left(-\frac{8}{3} + 4\right) - \left(-\frac{1}{3} + 1\right) = 1$$

つぎに、問 3.7 での確率変数 Y の密度関数は

$$\mu_Y = E[Y] = \int_{-\infty}^{\infty} yP(y)dy = \int_0^2 y\frac{1}{2}dy = \left[\frac{1}{4}y^2\right]_0^2 = 1$$

$$\mu_{2X+3Y} = E[2X+3Y] = 2E[X] + 3E[Y] = 2\times 1 + 3\times 1 = 5$$

もし X と Y が独立であるならば

$$P(x, y) = P(x)P(y)$$

$$= \begin{cases} \dfrac{1}{2}x & (0 \leqq x < 1) \\ -\dfrac{1}{2}x + 1 & (1 \leqq x \leqq 2) \\ 0 & (その他) \end{cases}$$

$$\mu_{XY} = \int_{-\infty}^{\infty}\int_{-\infty}^{\infty} xyP(x, y)dxdy$$

$$= \int_0^2\int_0^1 \left(xy\dfrac{1}{2}x dx\right)dy + \int_0^2\left(\int_1^2\left\{xy\left(-\dfrac{1}{2}x + 1\right)\right\}dx\right)dy$$

$$= \int_0^2 \left[y\dfrac{x^3}{6}\right]_{x=0}^{x=1} dy + \int_0^2\left[-y\dfrac{x^3}{6} + y\dfrac{x^2}{2}\right]_{x=1}^{x=2} dy$$

$$= \int_0^2 \dfrac{y}{6}dy + \int_0^2 \dfrac{y}{3} = \left[\dfrac{y^2}{12}\right]_0^2 + \left[\dfrac{y^2}{6}\right]_0^2 = 1$$

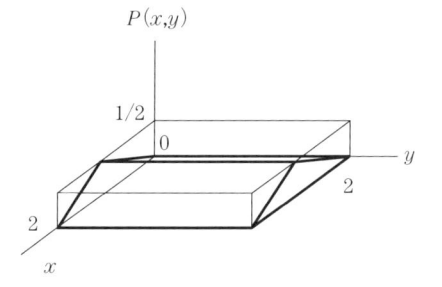

3.7 連続型確率変数の分散

例 3.12

例 3.10 での連続型確率変数 X の分散は

$$\sigma_X^2 = E[(X - \mu_X)^2]$$

$$= \int_{-\infty}^{\infty}(x - \mu_X)^2 P(x)dx \quad \leftarrow \text{比較} \rightarrow \quad \sum_i (x_i - \mu_X)^2 P_X(x_i)$$

$$= \int_0^1 (x-1)^2 x dx + \int_1^2 (x-1)^2(-x+2)dx$$

$$= 2\int_0^1 x'^2(-x'+1)dx' = 2\int_0^1(-x'^3+x'^2)dx'$$
$$= 2\left[-\frac{x'^4}{4}+\frac{x'^3}{3}\right]_0^1 = \frac{1}{6}$$

問 3.8

問 3.7 の Y の分散を求めよ。

問 3.9

例 3.10 の X と問 3.7 の Y について σ_{X+Y}^2 を求めよ。X と Y は，独立しているものとする。

問 3.10

μ_X, σ_X^2, μ_Y, σ_Y^2 を求めよ。

$$P(x) = \begin{cases} \dfrac{1}{a}\left(\dfrac{1}{a}x+1\right) & (-a \leqq x < 0) \\ \dfrac{1}{a}\left(-\dfrac{1}{a}x+1\right) & (0 \leqq x \leqq a) \\ 0 & (その他) \end{cases}$$

$$P(y) = \begin{cases} \dfrac{1}{2a} & (-a \leqq y \leqq a) \\ 0 & (その他) \end{cases}$$

4章 基本的な確率分布

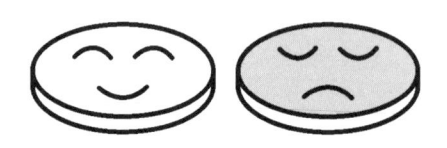

4.1 二項分布

キューちゃんの質問コーナー

- 二項分布って？

- コインの表か裏か，表が出る回数を考えて！

- じゃあ，コインを6回投げたとき，"6回とも表が出た"とか，"5回は表で1回は裏"というような違いを考えるんだ！

- そうだよ。その回数に応じて出やすさは違うよね。その出やすさを確率で表したときに得られる分布だよ。

- でも，どんなときに使うの？

- 何かの"試み"を行ったとき，特定の"こと"が一定の確率で起こるとする。例えば，"コインを投げる"という"試み"で"表が出る"という"こと"。"サイコロを振る"という"試み"で"1の目が出る"という"こと"。

- コインとか，サイコロっていうと実際には役に立たないみたい…。アッ！私たちの周りには，そんなこと，いっぱいあるよ。"試合をする"という"試み"で"勝つ"という"こと"。"打席に立ってバッティングをする"という"試み"で"ヒットを打つ"という"こと"。

- それ以外にも，"学生が受講する"という"試み"で"遅刻する"という"こと"。

- いじわる！

- ここで，大数の法則を思い出して！
その特定の"こと"が起こる確率は数学的には定まっていても，実際にその"試み"を何回か行ったとき，その特定の"こと"が起こる回数はいろいろだ

よね。

🙂 何回の"試み"で，何回の"こと"が起こるか。それを知りたいことは多いだろう。その特定の"こと"が起こる回数の確率の分布を定式化してくれるのが二項分布だ。

🙂 例えば，勝率5割のチームが100チームあって，それぞれが6回試合をした。そのとき，全敗するチームや，1回だけしか勝てないチーム，そして全勝するチームが現れる。それぞれの割合がどれくらいか。それを教えてくれるんだ。

_/

n, p, q を，それぞれコインを投げる数，表の出る確率，裏の出る確率とする。コインを6回投げたときに，表が0，1，2，…，5，6回出る確率を求めよう。表が出る回数 X は，0，1，2，…，5，6のような値をとる離散型確率変数であり，X のそれぞれに対して確率 $P(X=0)$，$P(X=1)$，$P(X=2)$，…，$P(X=6)$ が求められる。これらの確率の分布は**二項分布**（binomial distribution）と呼ばれる。それでは，その確率を求めてみよう。

表が0回のときは？

㊤㊤㊤㊤㊤㊤ ⇒ 確率は $q \cdot q \cdot q \cdot q \cdot q \cdot q = p^0 q^6$

したがって

$$P(X=0) = {}_nC_x p^x q^{n-x} = {}_6C_0 \left(\frac{1}{2}\right)^0 \times \left(\frac{1}{2}\right)^6 = 1 \times 1 \times \frac{1}{2^6} = \frac{1}{2^6}$$

表が1回のときは？

表が1回出る場合の数は，[1]，[2]，[3]，[4]，[5]，[6] 回の6枚の札から，1枚を取り出す場合の数，すなわち ${}_6C_1$ となる。具体的には

㊦㊤㊤㊤㊤㊤ ⇒ $p \cdot q \cdot q \cdot q \cdot q \cdot q = p^1 q^5$ ⇒ [1] が取り出された
㊤㊦㊤㊤㊤㊤ ⇒ $q \cdot p \cdot q \cdot q \cdot q \cdot q = p^1 q^5$ ⇒ [2] が取り出された
㊤㊤㊦㊤㊤㊤ ⇒ $q \cdot q \cdot p \cdot q \cdot q \cdot q = p^1 q^5$ ⇒ [3] が取り出された
㊤㊤㊤㊦㊤㊤ ⇒ $q \cdot q \cdot q \cdot p \cdot q \cdot q = p^1 q^5$ ⇒ [4] が取り出された
㊤㊤㊤㊤㊦㊤ ⇒ $q \cdot q \cdot q \cdot q \cdot p \cdot q = p^1 q^5$ ⇒ [5] が取り出された
㊤㊤㊤㊤㊤㊦ ⇒ $q \cdot q \cdot q \cdot q \cdot q \cdot p = p^1 q^5$ ⇒ [6] が取り出された

したがって

$$P(X=1) = {}_6C_1\left(\frac{1}{2}\right)^1 \times \left(\frac{1}{2}\right)^{6-1} = 6 \times \frac{1}{2} \times \frac{1}{2^5} = \frac{6}{2^6}$$

表が2回のときは？

表が2回出る場合の数は，$\boxed{1}$，$\boxed{2}$，$\boxed{3}$，$\boxed{4}$，$\boxed{5}$，$\boxed{6}$ 回の6枚の札から，2枚を取り出す場合の数，すなわち ${}_6C_2$ となる。具体的には

表表裏裏裏裏	⇒	$p \cdot p \cdot q \cdot q \cdot q \cdot q = p^2 q^4$	⇒ $\boxed{1}, \boxed{2}$
表裏表裏裏裏	⇒	$p \cdot q \cdot p \cdot q \cdot q \cdot q = p^2 q^4$	⇒ $\boxed{1}, \boxed{3}$
表裏裏表裏裏	⇒	$p \cdot q \cdot q \cdot p \cdot q \cdot q = p^2 q^4$	⇒ $\boxed{1}, \boxed{4}$
表裏裏裏表裏	⇒	$p \cdot q \cdot q \cdot q \cdot p \cdot q = p^2 q^4$	⇒ $\boxed{1}, \boxed{5}$
表裏裏裏裏表	⇒	$p \cdot q \cdot q \cdot q \cdot q \cdot p = p^2 q^4$	⇒ $\boxed{1}, \boxed{6}$
裏表表裏裏裏	⇒	$q \cdot p \cdot p \cdot q \cdot q \cdot q = p^2 q^4$	⇒ $\boxed{2}, \boxed{3}$
裏表裏表裏裏	⇒	$q \cdot p \cdot q \cdot p \cdot q \cdot q = p^2 q^4$	⇒ $\boxed{2}, \boxed{4}$
裏表裏裏表裏	⇒	$q \cdot p \cdot q \cdot q \cdot p \cdot q = p^2 q^4$	⇒ $\boxed{2}, \boxed{5}$
裏表裏裏裏表	⇒	$q \cdot p \cdot q \cdot q \cdot q \cdot p = p^2 q^4$	⇒ $\boxed{2}, \boxed{6}$
裏裏表表裏裏	⇒	$q \cdot q \cdot p \cdot p \cdot q \cdot q = p^2 q^4$	⇒ $\boxed{3}, \boxed{4}$
裏裏表裏表裏	⇒	$q \cdot q \cdot p \cdot q \cdot p \cdot q = p^2 q^4$	⇒ $\boxed{3}, \boxed{5}$
裏裏表裏裏表	⇒	$q \cdot q \cdot p \cdot q \cdot q \cdot p = p^2 q^4$	⇒ $\boxed{3}, \boxed{6}$
裏裏裏表表裏	⇒	$q \cdot q \cdot q \cdot p \cdot p \cdot q = p^2 q^4$	⇒ $\boxed{4}, \boxed{5}$
裏裏裏表裏表	⇒	$q \cdot q \cdot q \cdot p \cdot q \cdot p = p^2 q^4$	⇒ $\boxed{4}, \boxed{6}$
裏裏裏裏表表	⇒	$q \cdot q \cdot q \cdot q \cdot p \cdot p = p^2 q^4$	⇒ $\boxed{5}, \boxed{6}$

したがって

$$P(X=2) = {}_6C_2\left(\frac{1}{2}\right)^2 \times \left(\frac{1}{2}\right)^{6-2} = \frac{6 \times 5}{2 \times 1} \times \frac{1}{2^2} \times \frac{1}{2^4} = \frac{15}{2^6}$$

同様に，3，4，5，6 回のときは？

$$P(X=3) = {}_6C_3\left(\frac{1}{2}\right)^3\left(\frac{1}{2}\right)^{6-3} = \frac{6 \times 5 \times 4}{3 \times 2 \times 1} \times \frac{1}{2^3} \times \frac{1}{2^3} = \frac{20}{2^6}$$

$$P(X=4) = {}_6C_4\left(\frac{1}{2}\right)^4\left(\frac{1}{2}\right)^{6-4} = \frac{6 \times 5 \times 4 \times 3}{4 \times 3 \times 2 \times 1} \times \frac{1}{2^4} \times \frac{1}{2^2} = \frac{15}{2^6}$$

$$P(X=5) = {}_6C_5\left(\frac{1}{2}\right)^5\left(\frac{1}{2}\right)^{6-5} = \frac{6 \times 5 \times 4 \times 3 \times 2}{5 \times 4 \times 3 \times 2 \times 1} \times \frac{1}{2^5} \times \frac{1}{2} = \frac{6}{2^6}$$

$$P(X=6) = {}_6C_6\left(\frac{1}{2}\right)^6\left(\frac{1}{2}\right)^{6-6} = \frac{6 \times 5 \times 4 \times 3 \times 2 \times 1}{6 \times 5 \times 4 \times 3 \times 2 \times 1} \times \frac{1}{2^6} = \frac{1}{2^6}$$

これを一般化して公式としてまとめよう。

> **公　式**
>
> 1回の試行で，ある事柄 E が起こる確率を p とする。このとき，ある事柄 E が起こらない確率は $1-p$ となる。この試行を n 回繰り返すとき，事柄 E がちょうど x 回起こる確率は
> $$P(x) = {}_nC_x p^x (1-p)^{n-x}$$
> で与えられる。

ここで，平均と分散を，定義に従って計算してみよう。

$$\mu_X = 0 \times \frac{1}{64} + 1 \times \frac{6}{64} + 2 \times \frac{15}{64} + 3 \times \frac{20}{64} + 4 \times \frac{15}{64} + 5 \times \frac{6}{64}$$
$$+ 6 \times \frac{1}{64} = 3$$

$$\sigma_X{}^2 = (0-3)^2 \times \frac{1}{64} + (1-3)^2 \times \frac{6}{64} + (2-3)^2 \times \frac{15}{64}$$
$$+ (3-3)^2 \times \frac{20}{64} + (4-3)^2 \times \frac{15}{64} + (5-3)^2 \times \frac{6}{64}$$
$$+ (6-3)^2 \times \frac{1}{64} = \frac{3}{2}$$

この計算には手間がかかる。もう少し簡単に求められないだろうか？
じつは，以下の公式が成り立つ。

> **公　式**
>
> X の平均は，$\mu_X = np$
> X の分散は，$\sigma_X{}^2 = npq$ （Ⅰ編**ハイレベル補足説明 4.1** 参照）

この公式を本例に適用すると

$$\mu_X = np = 6 \times \frac{1}{2} = 3$$

$$\sigma_X{}^2 = npq = 6 \times \frac{1}{2} \times \left(1 - \frac{1}{2}\right) = \frac{3}{2}$$

と求められる。ずいぶん楽になることが理解できたであろう。

なお，ここでは n と p から μ_X と σ_X^2 を導いた。逆に，μ_X と σ_X^2 から n と p を導くこともできる。すなわち

$$p = \frac{\mu_X - \sigma_X^2}{\mu_X}, \qquad n = \frac{\mu_X^2}{\mu_X - \sigma_X^2}$$

このように，n と p は（あるいは μ_X と σ_X^2 は），二項分布を決定する。この n と p（あるいは μ_X と σ_X^2）のように，母集団の確率分布を決定する統計量を**母数**（parameter）という。

ワンポイント　二項分布の姿を眺めてみよう！

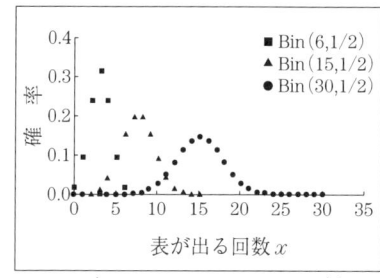

$p = 1/2$ で，$np = 3, 7.5, 15$ の例。

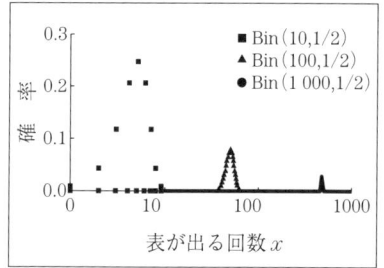

$p = 1/2$ で，$np = 5, 50, 500$ の例。

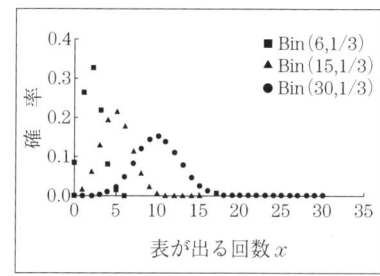

$p = 1/3(<1/2)$ で，$np = 2, 5, 10$ の例。

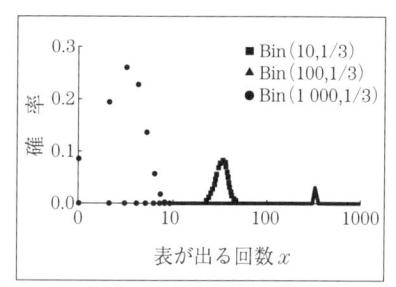

$p = 1/3(<1/2)$ で，$np = 10/3, 100/3, 1\,000/3$ の例。

これらの図の見方

- いずれにおいても，変域（横軸）は，$0 \sim$ 試行回数 n までの整数のみ
- 試行回数 × 生起確率，np の位置にピークが現れる。
- 例えば，$p = 1/2$ の場合には，ピークを軸として左右対称な形となる。
  一方，$p < 1/2$ の場合には，ピークは試行回数の半分の位置より左にずれ，

ピークの左右は対称ではなく，左にひずんだ形となる。
・右側の図は，1～1 000 までの広い範囲を表現するために，横軸に対数がとられていることに注意せよ。

　つぎの図は，$p = 1/2$，$n = 10, 100, 1\,000$ の各場合において，変域の最大値を1に規格化して，再プロットしたものである。この図から，試行回数が大きくなると，ちょうどその半分の値にきわめて近い回数分だけ，表の出る事象が生起することを確かめることができる。このように
「独立試行（各試行がたがいに独立であるような試行）を n 回繰り返すとき，事象 A が s 回起こるとすると，s/n は確率に近づく」
のである。← **大数の法則**の再確認。

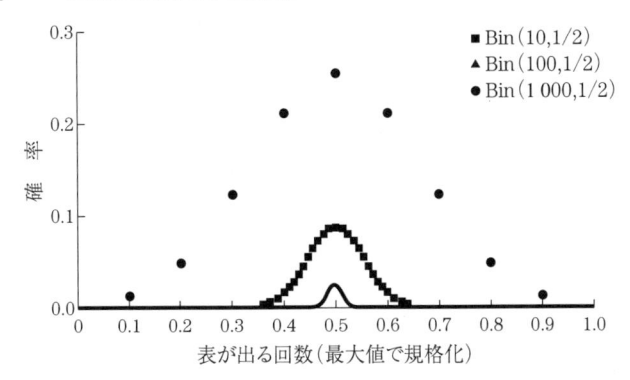

■ Bin(10,1/2)
▲ Bin(100,1/2)
● Bin(1 000,1/2)

表が出る回数（最大値で規格化）

ハイレベル補足説明 4.1

二項分布の平均と分散って？

読み飛ばしてもいいけど頑張って！

　1回目にコインを投げたとき，表が出たら 1，裏が出たら 0 をとる確率変数を X_1 と表す。同様に，2, …, 5, 6 回目にコインを投げたとき，表が出たら 1，裏が出たら 0 をとる確率変数を X_2, …, X_5, X_6 と表す。すると，コインを 6 回投げたときに表が出る回数，すなわち確率変数 X は
$$X = X_1 + X_2 + X_3 + X_4 + X_5 + X_6$$
と表すことができる。ここで，X_i（ただし，$i = 1, 2, …, 5, 6$）の平均 μ_{Xi} と分散 σ_{Xi}^2 を求めておく。

| $P_{(Xi=1)} = p$ | $P_{(Xi=0)} = q$ |

より
$$\mu_{X_i} = E[X_i] = 1 \cdot P_{(X_i=1)} + 0 \cdot P_{(X_i=0)} = 1 \cdot p + 0 \cdot q = p$$

$X_i = 1$	$X_i = 0$
$X_i - \mu_{X_i} = 1 - p = q$	$X_i - \mu_{X_i} = 0 - p = -p$
$(X_i - \mu_{X_i})^2 = q^2$	$(X_i - \mu_{X_i})^2 = (-p)^2 = p^2$

より
$$\sigma_{X_i}{}^2 = E[(X_i - \mu_{X_i})^2] = q^2 \cdot p + p^2 \cdot q = pq(p+q) = pq$$

となる。さて
$$\mu_X = E[X] = E[X_1 + X_2 + X_3 + X_4 + X_5 + X_6]$$
$$= E[X_1] + E[X_2] + E[X_3] + E[X_4] + E[X_5] + E[X_6]$$
$$= p + p + p + p + p + p = 6p$$

が得られる。また，$X_1, X_2, \cdots, X_6$ がたがいに独立であることから
$$\sigma_X{}^2 = \sigma_{X_1+X_2+X_3+X_4+X_5+X_6}{}^2$$
$$= \sigma_{X_1}{}^2 + \sigma_{X_2}{}^2 + \sigma_{X_3}{}^2 + \sigma_{X_4}{}^2 + \sigma_{X_5}{}^2 + \sigma_{X_6}{}^2$$
$$= 6pq$$

となる。コインを投げる回数を n として一般化すれば，次式が得られる。

$\mu_X = np$
$\sigma_X{}^2 = npq$

ハイレベル補足説明 4.2

別解だよ。

読み飛ばしてもいいよ。

$$\mu_X = \sum_{x=0}^{n} x P(x) = \sum_{x=0}^{n} x \,{}_n C_x p^x q^{n-x}$$

を計算すれば，導出は難しいが，平均 $\mu_X = np$ は求められるはずである。$n=3$, $p=1/3$ のような具体例で，$\mu_X = np$ が成り立つことを確認してみよ。また，分散も同様である。

問 4.1

表の出る確率 $P(H)$ が $1/3$，裏の出る確率 $P(T)$ が $2/3$ というような，偏ったコインについて考える。また，$X =$ (4回コインを投げたうちで表の出た回数) とする。このとき，$P_X(0)$, $P_X(1)$, $P_X(2)$, $P_X(3)$, $P_X(4)$, μ_X, $\sigma_X{}^2$ をそれぞれ求めよ。

4.2 ポアソン分布

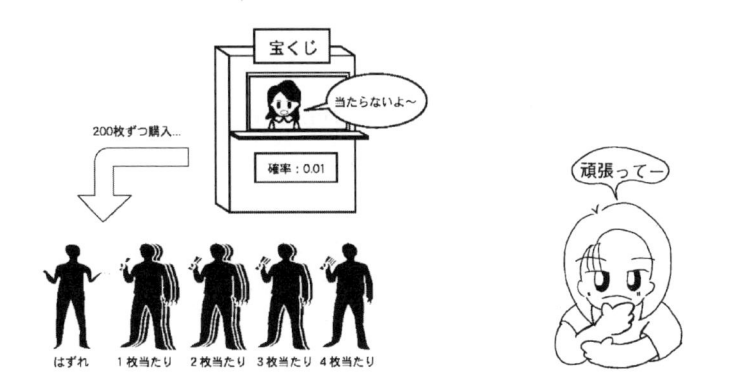

キューちゃんの質問コーナー

👧 ポアソン分布って？

👦 めったに起こらない出来事は，たとえその出来事の生起確率が違っていても，それが起こった回数で見ると，同じ確率になってしまうんだ。その分布がポアソン分布だよ。

👧 うわっ，不思議ね！

4.2.1 ポアソン分布の生い立ち

先に学んだ二項分布の例では，表の出る確率が p であるコインを n 回投げたとき，表が出る回数を表す確率変数 X の確率分布は，$\mathrm{Bin}(n, p)$ と表され，その平均は $\mu_x = np$ であった。ここで，np，つまり平均を一定とした条件のもとで，生起する確率 p をきわめて小さく，したがってコインを投げる回数 n をきわめて大きくしていこう。

具体的に考えてみる。表の出る確率 p が $1/3$ であり，コインを 6 回投げたとしよう。このとき，分布は $\mathrm{Bin}(6, 1/3)$，平均は $n \cdot p = 6 \times 1/3 = 2$ であり，分散は $npq = 6 \times 1/3 \times 2/3 = 4/3 \fallingdotseq 1.3333$ となる。

つぎに，平均 $n \cdot p = 2$ を保ちながら，p を少し小さく 0.1 に，n を少し大き

く 20 としよう。このときの分布は，Bin(20, 0.1) となる。この分布の平均は $n \cdot p = 20 \times 0.1 = 2$ であり，先の Bin(6, 1/3) の平均と変わらない†。さらに，p を 0.01, 0.001, 0.000 1 というようにどんどん小さくしていこう。このとき n は，200, 2 000, 20 000 というようにどんどん大きくなる。分布は，Bin(200, 0.01)，Bin(2 000, 0.001)，Bin(20 000, 0.000 1) となる。

つぎの図は，これらの二項分布を示す。それぞれ，左段には $X = 0 \sim 20$ に対する点，右段には $X = 0 \sim n$ に対する点がプロットしてある。

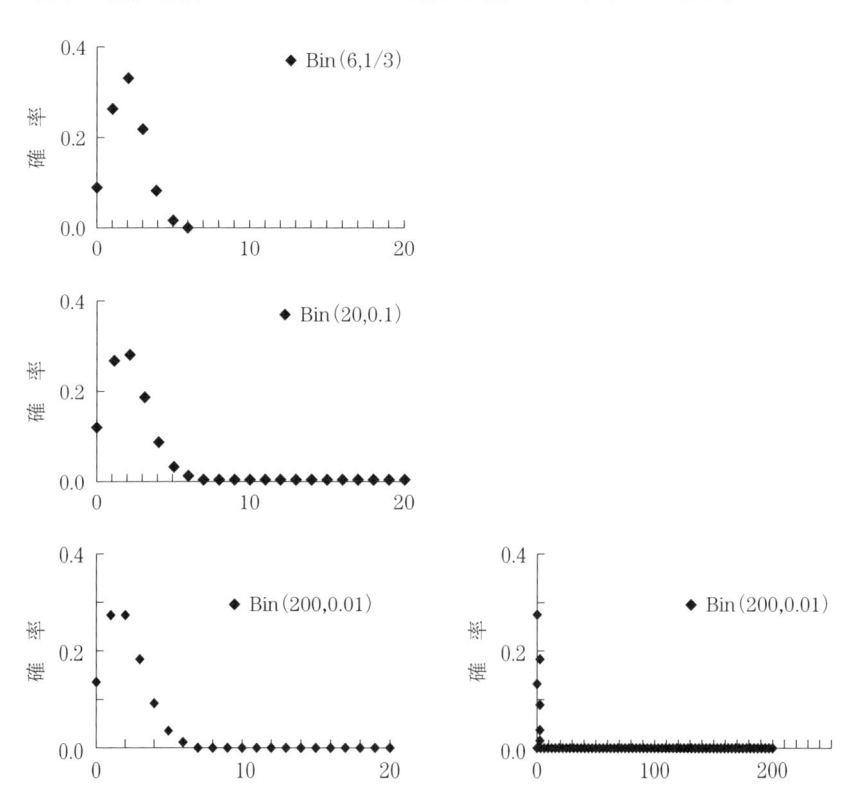

---

† ただし，分散は $npq = 20 \times 0.1 \times 0.9 = 1.8$ となり，Bin(6, 1/3) の分散 $4/3 \fallingdotseq 1.333\,3$ に比べて，大きくなっている。

4. 基本的な確率分布

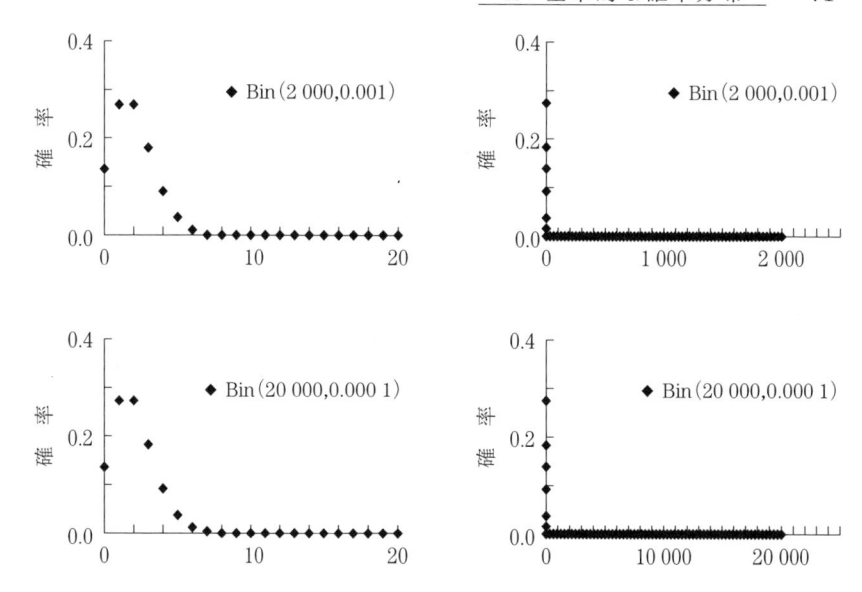

これらの分布のなかで，特に左段，すなわち $X = 0 \sim 20$ に対する図を比較してみよう．意外にもほとんど変化していないことがわかるであろう．実際にはある分布に向けて収束していく．抽象的でわかりにくいかもしれないが，p を無限に小さく，n を無限大にした極限の状況を想定して欲しい．このときの分布が，つぎの図に示されている平均 2 の **ポアソン分布**（Poisson distribution），Pois(2) である．$n \geqq 200$ の二項分布ではポアソン分布とほとんど一致していることがわかるであろう．

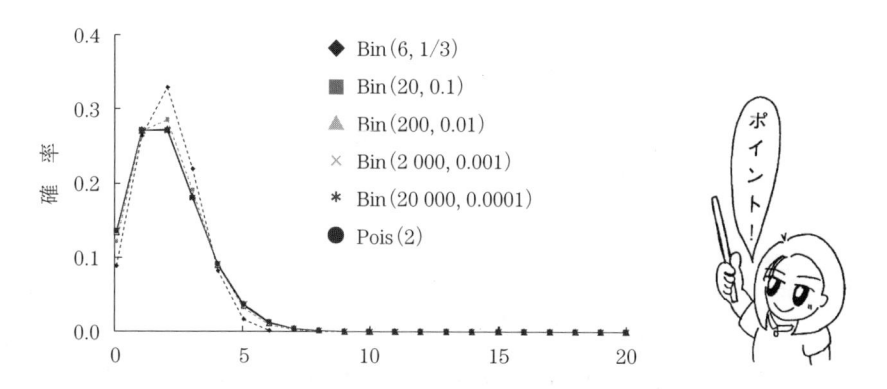

4.2.2 ポアソン分布の母数

平均は，いままでは μ_x と表してきたが，ここでは λ と表そう。ポアソン分布といっても二項分布の一つでもあるから，0以上，無限大の x について確率値（限りなく0に近い場合も含めて）をもち，確率のピークは λ の付近にくるであろう。このポアソン分布では，母数は，「試行回数 × 生起確率」で表される生起回数の平均 λ だけとなる。

4.2.3 ポアソン分布の使いみち

ポアソン分布は，p を無限に小さく，n を無限に大きくした状況に対応している。厳密にはそのような条件で使える分布であるが，p，n が有限であっても，p が十分に小さく，n も十分に大きければ，$\text{Pois}(np)$ なるポアソン分布で本来の $\text{Bin}(n, p)$ なる二項分布を近似できる。

また，一日の交通事故の発生件数や通話件数などは，生起した事象の件数は知ることができても，試行回数は決定できない。このような場合でも，ポアソン分布なら確率分布を定めることができる。

このように，めったに生起しない事象の確率を定式化できることから，ポアソン分布は実用上重要である。

4.2.4 ポアソン分布の確率関数

X を $0, 1, 2, \cdots,$ のような値をとる離散型確率変数とする。X の確率関数が

$$f(x) = P(X = x) = \frac{\lambda^x e^{-\lambda}}{x!} \qquad (x = 0,\ 1,\ 2,\ \cdots)$$

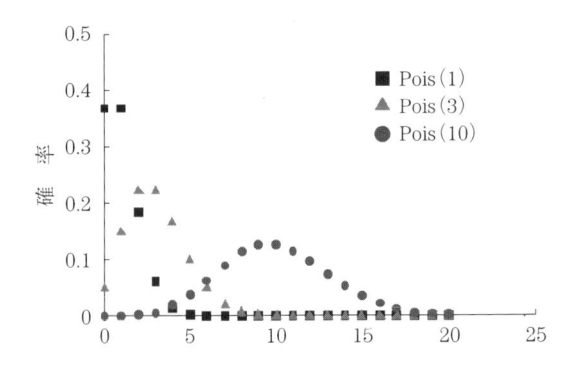

のように与えられた分布を，ポアソン分布と呼ぶ。ここで，λ は正の定数であり，事象の生起回数の平均を表す。

> **公　式**
>
> X の平均は，$\mu_X = \lambda$
> X の分散は，$\sigma_X^2 = \lambda$
> （二項分布の $\sigma_X^2 = npq$ に，$np = \lambda$，$q = 1$ を代入する）

例 4.1

製品が不良品である確率が 0.000 1 であるとする。20 000 個の製品の中で不良品の個数がそれぞれ，0，1，2，3，4，5 個以上である確率をポアソン分布で近似的に求めよ。また，二項分布でも求め，両者の値が近いことを確認せよ。

解　まず，ポアソン分布で求める。平均 μ_X，すなわち λ は

$$\mu_X = \lambda = n \cdot p = 20\,000 \times 0.000\,1 = 2$$

となる。ここで，$n =$ 試行回数，$p =$ 事象 X の生起する確率，と表すと

$$P(0) = \frac{\lambda^x e^{-\lambda}}{x!} = \frac{2^0 \cdot e^{-2}}{0!} = 0.135\,34, \quad P(1) = \frac{2^1 \cdot e^{-2}}{1!} = 0.270\,68$$

$$P(2) = \frac{2^2 \cdot e^{-2}}{2!} = 0.270\,68, \quad P(3) = \frac{2^3 \cdot e^{-2}}{3!} = 0.180\,45$$

$$P(4) = \frac{2^4 \cdot e^{-2}}{4!} = 0.090\,23$$

$$P(5 \sim \infty) = 1 - (0.135\,34 + 0.270\,68 + 0.270\,68 + 0.180\,45 \\ + 0.090\,23) = 0.052\,62$$

$$\sigma_X^2 = \lambda = 2$$

つぎに，二項分布で求める。

$$\mu_X = n \cdot p = 20\,000 \times 0.000\,1 = 2$$

　　→　ポアソン分布と完全に一致

$$\sigma_X^2 = n \cdot p \cdot q = 20\,000 \times 0.000\,1 \times 0.999\,9 = 1.999\,8$$

　　→　ポアソン分布とほぼ一致

$$P(0) = {}_{20\,000}C_0 \times 0.000\,1^0 \times 0.999\,9^{20\,000-0} = 0.135\,32$$

→ ポアソン分布とほぼ一致

$$P(1) = {}_{20\,000}C_1 \times 0.000\,1^1 \times 0.999\,9^{19\,999} = 0.270\,67$$

→ ポアソン分布とほぼ一致

以下省略。

ハイレベル補足説明 4.3

ポアソン分布の導出って？

読み飛ばしてもいいよ。

試行回数が増えれば増えるほど，事象 A の生じる確率が 0 に近くなるような場合を考えてみる。

二項分布の確率関数を変形して

$$\text{Bin}(n,\ p) = {}_nC_x p^x (1-p)^{n-x} = \frac{n(n-1)\cdots(n-x+1)}{x!} p^x (1-p)^{n-x}$$

$n(n-1)(n-2)\cdots(n-x+1)$ の各因数より，n をくくり出すと

$$\text{Bin}(n,\ p) = \frac{n^x}{x!} \cdot 1 \left(1-\frac{1}{n}\right)\left(1-\frac{2}{n}\right)\cdots\left(1-\frac{x-1}{n}\right) p^x (1-p)^{n-x}$$

$np = \lambda$ より $p = \lambda/n$ なので，代入すると

$$\text{Bin}(n,\ p) = \frac{n^x}{x!}\left(1-\frac{1}{n}\right)\cdots\left(1-\frac{x-1}{n}\right)\left(\frac{\lambda}{n}\right)^x \left(1-\frac{\lambda}{n}\right)^{n-x}$$

$$= \frac{1}{x!}\left(1-\frac{1}{n}\right)\cdots\left(1-\frac{x-1}{n}\right)\lambda^x\left(1-\frac{\lambda}{n}\right)^n\left(1-\frac{\lambda}{n}\right)^{-x}$$

ここで，$n \to \infty$，つまり試行回数を無限にする。

x は，事象 A の起こった回数なので，有限の正の整数値である。λ も定数である。よって

$$\lim_{n\to\infty}\left(1-\frac{1}{n}\right) = \lim_{n\to\infty}\left(1-\frac{2}{n}\right) = \cdots = \lim_{n\to\infty}\left(1-\frac{x-1}{n}\right) = 1$$

$$\lim_{n\to\infty}\frac{\lambda}{n} = 0$$

$$\lim_{n\to\infty}\left(1-\frac{\lambda}{n}\right)^n = \lim_{n\to\infty}\left\{\left(1-\frac{\lambda}{n}\right)^{-\frac{n}{\lambda}}\right\}^{-\lambda}$$

$\lambda/n = p$ を代入する。さらに，$n \to \infty$ のとき $p \to 0$ となる。ゆえに

$$\lim_{p\to 0}\{(1-p)^{-\frac{1}{p}}\}^{-\lambda} = e^{-\lambda}$$

となる。これより，つぎのポアソン分布の確率関数が得られる。

$$\lim_{n\to\infty}\text{Bin}(n,\ p) = \frac{1}{x!} \times 1 \times 1 \times \cdots \times \lambda^x \cdot e^{-\lambda} \times 1^{-x} = e^{-\lambda}\frac{\lambda^x}{x!}$$

4. 基本的な確率分布　75

問 4.2

100 個の解答のうち，答の 3% が間違っているとするとき，(1) 二項分布，(2) ポアソン分布，を使い，間違いのない解答の確率を求めよ．

問 4.3

保険会社に勤めている Z 氏は大都市 C 市の交通事故について調べている．C 市では，1 日に平均 2 人が交通事故で死亡している．1 日に交通事故で死亡する人数を確率変数 X とし，X が平均 2 のポアソン分布 Pois(2) に従っているとするとき，1 日に 5 人以上が交通事故で死亡する確率を求めよ．

4.3 正規分布

キューちゃんの質問コーナー

　正規分布って？

　分布の王様だよ．中央集権，近傍偏在，左右対称．

　富士山みたいで，きれいな姿しているね．

公　式

正規分布（normal distribution）

連続型確率変数 X に対して定義される，平均 μ_X，分散 $\sigma_X{}^2$ の正規分布の確率密度関数 $N(\mu_X, \sigma_X{}^2)$ は，つぎのように与えられる．

$$f(x) = \frac{1}{\sqrt{2\pi}\,\sigma_X} e^{-\frac{(x-\mu_X)^2}{2\sigma_X{}^2}}$$

また，これに対する分布関数は，つぎのように与えられる．

$$F(x) = P(X \leqq x) = \frac{1}{\sqrt{2\pi}\sigma_X} \int_{-\infty}^{x} e^{-\frac{(x-\mu_X)^2}{2\sigma_X^2}} dx$$

この分布関数は，初等関数では表すことはできない．付録の数表を用いるか，コンピュータの組込み関数を用いる．

> **公式**
>
> $N(0, 1)$ の確率密度関数は，つぎのように表され，**標準正規分布**と呼ばれる．
> $$\phi(x) = \frac{1}{\sqrt{2\pi}} e^{-\frac{x^2}{2}}$$

これに対する分布関数は

$$\Phi(x) = \frac{1}{\sqrt{2\pi}} \int_{-\infty}^{x} e^{-\frac{x^2}{2}} dx$$

特に，$-\sigma_X \leqq X \leqq \sigma_X$，$-2\sigma_X \leqq X \leqq 2\sigma_X$，$-3\sigma_X \leqq X \leqq 3\sigma_X$ は，程度の差はあるが，いずれも，"高い確率で生起する" 範囲としてよく用いられているもので，実用的に重要である．具体的には

$$P(-\sigma_X \leqq X \leqq \sigma_X) = \Phi(1) - \Phi(-1) = 2(\Phi(1) - \Phi(0))$$
$$= 2 \times (\Phi(1) - 0.5)$$
$$= 2 \times (0.841\,34 - 0.5) = 0.682\,68$$
$$P(-2\sigma_X \leqq X \leqq 2\sigma_X) = 2 \times (\Phi(2) - 0.5) = 2 \times (0.977\,25 - 0.5)$$
$$= 0.954\,50$$
$$P(-3\sigma_X \leqq X \leqq 3\sigma_X) = 2 \times (\Phi(3) - 0.5) = 2 \times (0.998\,65 - 0.5)$$
$$= 0.997\,30$$

ここで，正規分布の特徴について考えよう．まず，分散は平均からの差の2乗の期待値であった．したがって，分散の平方根，すなわち標準偏差は分布の幅を表すと考えられる．すなわち，以下のワンポイントで示す図のように，分散 σ_X^2 が $\sqrt{0.5}$，1，あるいは2というように大きくなると，標準偏差はそれぞれ $\sqrt{0.5}$，1，$\sqrt{2}$ となるので，分布の広がりは $\sqrt{2}$ 倍，2倍になる．

ワンポイント　正規分布の図の描き方

- 平均 μ_x にピークをもち，そのピーク位置に関して<u>左右対称</u>に広がっている。図では μ_x が 0 であることから，$x = 0$ にピークをもち，それに関して左右対称に広がっている。
- <u>ピークにおける確率密度は，$1/(\sqrt{2\pi}\sigma_x)$</u> となる。
- <u>$x = \pm\sigma$ の点は曲線の変曲点</u>となっている。図では $x = \pm\sqrt{0.5}$，± 1，$\pm\sqrt{2}$ の点。← σの大きさを実感するうえで，重要な性質!!
- <u>変曲点における確率密度は，ピークの $1/\sqrt{e} \fallingdotseq 0.6$ 倍</u>となる。
- <u>$x = \pm 3\sigma$ の点より外側では，確率密度は 0 とみなすことができる。</u>
  図では，$x = \pm 3\sqrt{0.5}$，± 3，$\pm 3\sqrt{2}$ の点。← これもσの大きさを実感するうえで重要な性質である！なお，x 軸に漸近しているので，どこまでも大きさがあるように思うかもしれない。確かに，0 にはならないが，正規分布はきわめて急速に 0 に近づく関数，すなわち歯切れのよい関数であることを付記する。

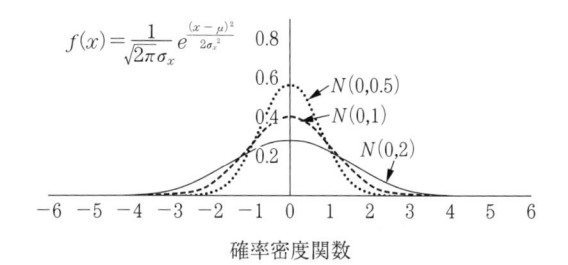

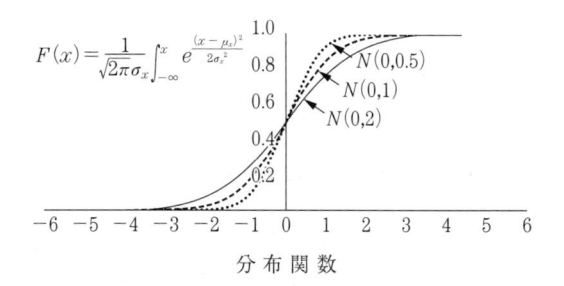

$f(x) = \dfrac{1}{\sqrt{2\pi}\sigma_x} e^{\frac{(x-\mu)^2}{2\sigma_x^2}}$

確率密度関数

$F(x) = \dfrac{1}{\sqrt{2\pi}\sigma_x} \int_{-\infty}^{x} e^{\frac{(x-\mu_x)^2}{2\sigma_x^2}}$

分布関数

補足説明 4.4

偏差値って？

高校時代によく聞いたよね。

入学試験のときに聞いた言葉，偏差値を覚えているだろう。じつは，この偏差値は，君たちの得点の分布を正規分布と仮定すると，君たちが全体の中でどの順位に位置づけられているかを推定することができる統計量なのである。

具体的に言ったほうがわかりやすいので，単刀直入に結論を言おう。

偏差値 20 は，$\mu_X - \sigma_X(50 - 20)/10 = \mu_X - 3\sigma_X$ に対応し，それ以下の確率は，正規分布と仮定すると，$\Phi(-3) = 0.00135$ と求められる。逆に，それ以上の確率は，$1 - \Phi(-3) = 1 - 0.00135 = 0.99865$ と求められる。したがって，母集団を 1000 人とすると，自身を含んでそれ以下に $1.35 ≒ 1$ 人ともいえるし（つまり最下位の 1000 位），自身を含んでそれ以上に $998.65 ≒ 999$ 人ともいえる（つまり 999 位）。

偏差値 30 → $\mu_X - 2\sigma_X$ → $\Phi(-2) = 0.02275$ → 1000 人中の 977, 978 位
偏差値 40 → $\mu_X - \sigma_X$ → $\Phi(-1) = 0.15866$ → 1000 人中の 841, 842 位
偏差値 50 → μ_X → $\Phi(0) = 0.50000$ → 1000 人中の 500, 501 位
偏差値 60 → $\mu_X + \sigma_X$ → $\Phi(+1) = 0.84134$ → 1000 人中の 159, 160 位
偏差値 70 → $\mu_X + 2\sigma_X$ → $\Phi(+2) = 0.97725$ → 1000 人中の 23, 24 位
偏差値 80 → $\mu_X + 3\sigma_X$ → $\Phi(+3) = 0.99865$ → 1000 人中の 1, 2 位

このように，偏差値 40〜60 に集中しており，偏差値 60 を超えると順位としてはトップグループに入ることがわかる。偏差値を導入することにより，平均点（分布の平均に相当）が大きくても小さくても，得点のばらつき（分布の標準偏差に相当）が大きくても小さくても，全体の中の順位が明瞭にわかることに注意しよう。

問 4.4

ある試験の得点 X の平均が 60，標準偏差が 10 だった。得点 X が正規分布であると仮定する。
（1） 得点が 80 よりも少なくない生徒のパーセンテージを求めよ。
（2） 得点が 40 よりも多くない生徒のパーセンテージを求めよ。

4.4 カイ2乗分布（χ^2分布）

キューちゃんの質問コーナー

- カイ2乗分布って，奇怪（カイ）な名前！奇怪，…機械。
- どさくさに紛れてへんなこと言わないの！
  F分布への道の第一歩だよ。標準正規分布の2乗がいくつか集まると，カイ2乗分布になるんだ。
- 難しそうだけど，みんなが手を合わせた協力的な感じで，暖かそうね。

4.4.1 自由度1のカイ2乗分布

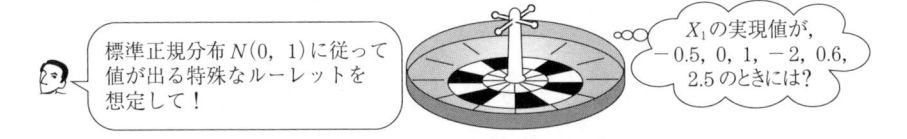

標準正規分布$N(0, 1)$に従って値が出る特殊なルーレットを想定して！

X_1の実現値が，$-0.5, 0, 1, -2, 0.6, 2.5$のときには？

X_1を，平均0，分散1の正規分布で表される確率変数とする。このとき，$X = X_1^2$のような確率変数Xはどのように分布するのだろうか？

まず，標準正規分布$N(0, 1)$に従って値が生起する特殊なルーレットを想定して欲しい。このルーレットを回して出てきた値が"$-0.5, 0, 1, -2, 0.6, 2.5$"であったとしよう。確率変数X_1は，このように値が分布するものである。このとき，それぞれの値の2乗は，"$0.25, 0, 1, 4, 0.36, 6.25$"となる。確率変数$X = X_1^2$とは，このようにして値が分布するものであると考えればよい。なお，確率変数X_1がおよそ$-3\sim3$の範囲で生起するのであ

から，確率変数 $X = X_1^2$ は，およそ $0 \sim 9$（$\leftarrow (-3)^2, 3^2$）の範囲で生起することも想像できるだろう．また，確率変数 X_1 の 2 乗，すなわち $X = X_1^2$ の平均は，X_1 の平均が 0 であることから，以下のように X_1 の分散とまったく同じであることがわかり，1 となる．

$$\langle X \rangle = \langle X_1^2 \rangle = \langle (X_1 - 0)^2 \rangle = \langle (X_1 - \mu_{X1})^2 \rangle = \sigma_{X1}^2 = 1$$

このように生起する分布を，**自由度 1 のカイ 2 乗分布**（χ^2 **分布**とも書く）という．

4.4.2　自由度 2 以上のカイ 2 乗分布

X_1，X_2 のいずれも平均 0，分散 1 の正規分布に従う確率変数のとき，$X = X_1^2 + X_2^2$ で求められる確率変数 X はどのように分布するのだろうか？

ここでは，標準正規分布 $N(0, 1)$ に従って値が生起する，特殊なルーレットを二つ想定して欲しい．一方のルーレットを回して出てきた値を X_1 とし，1～6 回目までの実現値が "$-0.5, 0, 1, -2, 0.6, 2.5$" であったとしよう．また，他方のルーレットを回して出てきた値を X_2 とし，1～6 回目までの実現値が "$1.5, -2, 0, -1, 0.8, 0.4$" であったとしよう．このとき，確率変数 $X = X_1^2 + X_2^2$ の実現値は，各回ごとに X_1 と X_2 の 2 乗の和をとり，1 回目は $(-0.5)^2 + 1.5^2 = 0.25 + 2.25 = 2.5$，以下同様に，$0 + 4 = 4$，$1 + 0 = 1$，$4 + 1 = 5$，$0.36 + 0.64 = 1$，$6.25 + 0.16 = 6.41$ というよ

うになる。確率変数 $X = X_1{}^2 + X_2{}^2$ とは，このように値が分布するものと考えればよい。なお，確率変数 X_1 も X_2 もおよそ $-3 \sim 3$ の範囲で生起するのであるから，確率変数 $X = X_1{}^2 + X_2{}^2$ は，およそ $0 \sim 18$（← $3^2 + 3^2$）の範囲で生起することも想像できるだろう。また，確率変数 X_1 と X_2 は独立しているので，$X = X_1{}^2 + X_2{}^2$ の平均を求める計算は，以下のようにそれぞれの分散の和となり，$\langle X \rangle = \langle X_1{}^2 + X_2{}^2 \rangle = \langle X_1{}^2 \rangle + \langle X_2{}^2 \rangle = \sigma_{X_1}{}^2 + \sigma_{X_2}{}^2 = 1 + 1 = 2$ となる。このように生起する分布を自由度 2 のカイ 2 乗分布という。

さらに，2 乗して和をとる標準正規分布の個数が n 個に増えていくとどうなるのだろうか？まず，平均が n になることはわかるであろう。また，個数が増えれば増えるほど，同時にすべてが大きくなったり，小さくなったりすることは少なく，一つが大きいときには，ほかは小さくなることが多いことも想像できるだろう。その結果，個々の大小の凸凹はならされる（I 編 **2.2.2** 項の大数の法則を思い出そう）。すなわち，自由度が大きくなるにつれて，平均は個数に比例して大きくなるが，分布の広がりは "比例する" というほどには大

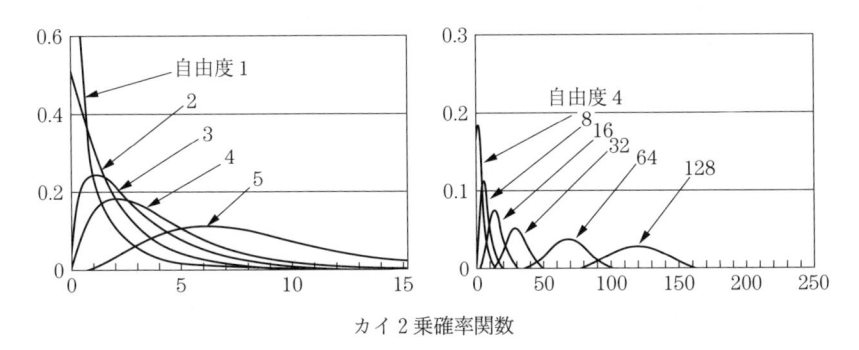

カイ 2 乗確率関数

> **公　式**
>
> **カイ 2 乗分布**（χ^2（chi‑square）distribution）
> 　自由度 n のカイ 2 乗分布とは，$X = X_1{}^2 + X_2{}^2 + \cdots + X_n{}^2$ のような確率変数 X が従う分布である。その平均と分散は次式で与えられる。
> 　　$\mu_X = n$
> 　　$\sigma_X{}^2 = 2n$

きくならない。その結果，分布の広がりと平均との比の値は小さくなる。

自由度が n のカイ2乗分布において，その値から始まる右側のすそ(裾)の面積が 0.05 となるような X の値を $\chi^2_n(0.95)$ と定義する。これは，通常，数表から得る。例えば，$\chi^2_3(0.95)$ は，数表の中で，$n = 3$ の行，そして $a = 0.05$ の列から $\chi^2_3(0.95) = 7.81$ のように読み取れる。ただし，自由度を意識しない場合には $\chi^2_{0.95}$ というように書くこともある。

例 4.2

X_1，X_2，X_3 を，たがいに独立な，平均 0，分散 1 の正規分布に従う確率変数とする。このとき，$X = X_1^2 + X_2^2 + X_3^2$ となる確率変数 X の分布は自由度 3 のカイ2乗分布に従う。その確率密度関数は

$$f(x) = \begin{cases} \dfrac{1}{2^{\frac{3}{2}} \Gamma\left(\dfrac{3}{2}\right)} x^{\frac{3}{2}-1} e^{-\frac{x}{2}} \\ 0 \end{cases} = \begin{cases} \dfrac{1}{2\sqrt{2} \cdot \dfrac{1}{2}\sqrt{\pi}} \sqrt{x}\, e^{-\frac{x}{2}} & (x > 0) \\ 0 & (x \leq 0) \end{cases}$$

となり，その平均と分散は，つぎのように求められる。

$\mu_X = n = 3$

$\sigma_X^2 = 2n = 2 \times 3 = 6$

ハイレベル補足説明 4.5

カイ2乗分布の確率密度関数　（　読み飛ばしてもいいよ。）

自由度 n のカイ2乗分布は，つぎの確率密度関数をもつ。以下の式は，きわめて難しいが，実用的には理解できなくても問題はない。

$$f(x) = \begin{cases} \dfrac{1}{2^{\frac{n}{2}} \Gamma\left(\dfrac{n}{2}\right)} x^{\frac{n}{2}-1} e^{-\frac{x}{2}} & (x > 0) \\ 0 & (x \leq 0) \end{cases}$$

したがって，$n = 3$ のときには

$$f(x) = \begin{cases} \dfrac{1}{2^{\frac{3}{2}} \Gamma\left(\dfrac{3}{2}\right)} x^{\frac{3}{2}-1} e^{-\frac{x}{2}} & (x > 0) \\ 0 & (x \leq 0) \end{cases}$$

n は自由度を表し，$\Gamma(p)$ はガンマ関数と呼ばれ，以下のように定義される。

$$\Gamma\left(\frac{n}{2}\right) = \left(\frac{n}{2} - 1\right)! \quad (n:偶数)$$

特に, $n=2$ のとき, $\Gamma(1) = 0! = 1$, $n=4$ のとき, $\Gamma(2) = 1! = 1$, $n=6$ のとき, $\Gamma(6) = 2! = 2$

$$\Gamma\left(\frac{n}{2}\right) = \left(\frac{n}{2} - 1\right)\left(\frac{n}{2} - 2\right)\cdots\frac{\sqrt{\pi}}{2} \quad (n:奇数)$$

特に, $n=1$ のとき, $\Gamma(1/2) = \sqrt{\pi}$, $n=3$ のとき, $\Gamma(3/2) = (1/2)\sqrt{\pi}$, $n=5$ のとき, $\Gamma(5/2) = (3/2)(1/2)\sqrt{\pi}$

問 4.5

自由度 10 のカイ 2 乗分布について, つぎの場合における x_1, x_2, x_3, x_4 の値を求めよ. ただし, x_3 の左側と x_4 の右側の領域は等しいとする.

（1） x_1 の右側の領域が 0.05 のとき.
（2） x_2 の左側の領域が 0.05 のとき.
（3） x_3 と x_4 のあいだの領域が 0.95 のとき.

4.5 スチューデントの t 分布

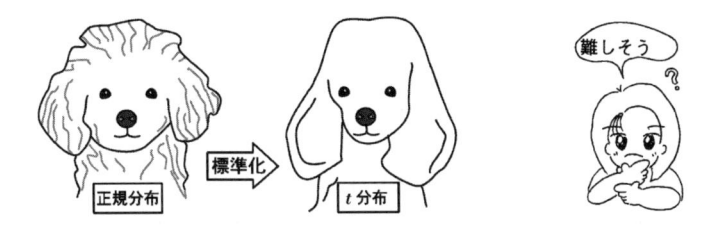

キューちゃんの質問コーナー

🙂 スチューデントの t 分布って？

🙂 20世紀の初頭, イギリスのビール醸造会社ギネス社の技師, ウィリアム・ゴゼット（1876〜1937）が, ビールの品質の評価値を標準化したところ, 小標本と大標本とではズレがあると, 気づいたんだ. 彼は, Student という謙虚なペンネームで論文を発表したそうだよ.

🙂 なるほど！

🙂 もともとは正規分布しているデータがあるとするよ. それを標本から求めた標準偏差で割って, 標準化しよう. そうすると, 正規分布から少しひずんだ t 分

布になるんだ。特に，小標本のときに，ひずみは大きくなるんだ。

_/

4.5.1 なぜ，t 分布が必要か？

例えば，A 工場と B 工場があって，それぞれで同じ製品を作っているとする。"両方の工場で生産される製品は，同程度の性能だろうか？"

このような判断（検定という）をしなければならないことによく遭遇する。ちなみに，t 分布は平均を検定するために用いられ，F 分布はばらつきの大きさ，つまり分散を検定するために用いられる。

4.5.2 t 分布の生い立ち

テストの成績の分布が

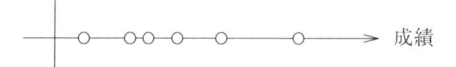

→ 成績

であったとする。このとき，右端の成績，すなわち

は，はずれ値か否か？（はずれ値とは，この例では"抜群によくできているか？"，平たく言えば，"異物か？"ということ）私たちは，このような判別の問題によく直面するのである。つまり，参照する標本の分布から

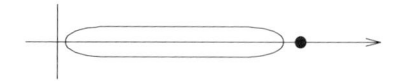

のように，"はずれている"，すなわち"とても珍しい"ことであるのか？

あるいは

4. 基本的な確率分布　85

のように"含まれている", すなわち"そんなに珍しいことではない"のか? これらを判別しようということである。

　もし, 生のサンプル (標本)

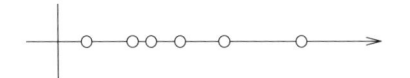

から, 確率密度関数

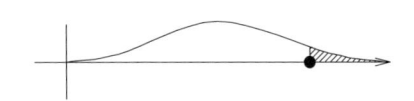

が得られれば, ▨▨▨ の面積 (確率) を求めることができる。この確率は, その値より大きい値が生起する確率を意味している。したがって, 面積からそのようなことがどれくらいの確率で生起するかがわかるであろう! さらに

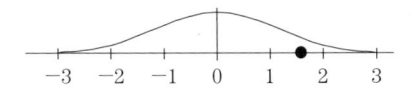

のように, 生起する値がおよそ -3～3 までに限られているというように<u>標準化された分布 ($\leftarrow t$ 分布)</u> に置き換えられれば, その値を見るだけで, はずれている程度がわかる! すなわち, 値が 0 であれば最もよく生起する値であろうし, ± 3 より外であれば, それはめったに生起する値ではないということがわかる。

このような標準化については, 以下の手順で説明する。

- 標準化とはどのような操作なのかについては, I編 **4.5.4** 項で述べる。
- 標準化の注意点を, I編 **補足説明 4.6** で述べる。
- 標準化からスチューデントの t 分布が導かれることについては, I編 **補足説明 4.7** で述べる。

以下では, 上記の背景を理解したあとで, 標準正規分布 Y, 自由度 3 のカイ 2 乗分布 Z, そして Z から導き出される $Z/3$, さらに, $Z/3$ から導き出される $\sqrt{Z/3}$ などの分布について考えよう。

まず, 自由度 3 のカイ 2 乗分布であるが, Z は, 三つの標準正規分布 X_1,

X_2, X_3 の2乗和,すなわち $Z = X_1^2 + X_2^2 + X_3^2$ で与えられる分布であった。例えば,1〜6回目まで

X_1 の実現値が "$-0.5,\ 0,\ 1,\ -2,\ 0.6,\ 2.5$"

X_2 の実現値が "$1.5,\ -2,\ 0,\ -1,\ 0.8,\ 0.4$"

X_3 の実現値が "$2.5,\ -1,\ 0,\ -1,\ -2,\ 2$"

であるとすれば,$Z = X_1^2 + X_2^2 + X_3^2$ の実現値は

$$(-0.5)^2 + 1.5^2 + 2.5^2 = 0.25 + 2.25 + 6.25 = 8.75$$

同様に計算すると以下のようになる。

$$0^2 + (-2)^2 + (-1)^2 = 0 + 4 + 1 = 5$$
$$1^2 + 0^2 + 0^2 = 1 + 0 + 0 = 1$$
$$(-2)^2 + (-1)^2 + (-1)^2 = 4 + 1 + 1 = 6$$
$$(0.6)^2 + (0.8)^2 + (-2)^2 = 0.36 + 0.64 + 4 = 5$$
$$(2.5)^2 + (0.4)^2 + 2^2 = 6.25 + 0.16 + 4 = 10.41$$

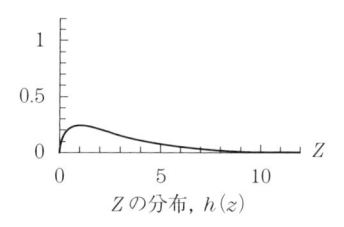

Z の分布,$h(z)$

Z から,$Z' = Z/n = Z/3$ なる新しい確率変数を定義し,Z' の確率密度関数を求める。上の図の Z の分布 $h(z)$ を,横に 1/3 に縮め,そして(面積が 1 になるように)縦に3倍に拡大させれば,つぎの左側の図のように Z' の確率密度関数 $f(z') = 3h(z)$ が得られる。

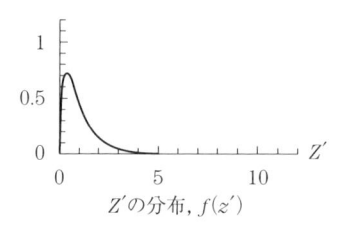

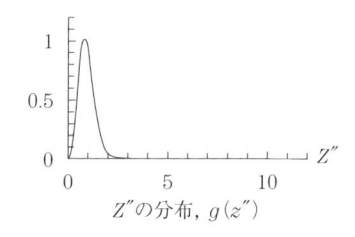

Z' の分布,$f(z')$

Z'' の分布,$g(z'')$

先の例では，Z が 8.75, 5, 1, 6, 5, 10.41 なので，$Z' = Z/3 = 8.75/3 = 2.92$，以下同様に，1.67, 0.33, 2, 1.67, 3.47 となる。

$f(z')$ から，$Z'' = \sqrt{Z/n} = \sqrt{Z'}$ の分布，すなわち確率密度関数 $g(z'')$ を求める。これは，$g(z'') = 2\sqrt{z'} f(z')$ となる[†]（I 編**ハイレベル補足説明 4.8** 参照）。これを用いて $g(z'')$ を求めると，右側の図が得られる。

先の例では，Z'' が 2.92, 1.67, 0.33, 2, 1.67, 3.47 なので，$Z'' = \sqrt{Z'} = \sqrt{2.92} = 1.71$，以下同様に，1.29, 0.57, 1.41, 1.29, 1.86 となる。

以上の準備のもと，$Y/Z'' = Y/\sqrt{Z/n}$ がどのような分布になるか，考えてみよう。

- Y は，およそ $-3 \sim +3$ で生起し，確率密度は $Y = 0$ で最も高く，$Y = \pm 3$ でほとんど 0 になる確率変数である。一方，Z'' は，平均 1 の近傍に分布する。したがって，Z'' で Y を除した Y/Z'' の分布は，Y とさほど変わらないだろう。

- Z'' は平均が 1 であるといっても，1 以下の値が生起する確率がかなり大きい（1 以上の値の確率も大きいが）。そのときには，Y/Z'' は Y よりも大きい値となる。逆に 1 以上の値のときには，Y/Z'' は Y よりも小さい値となるが，その程度は 1 以下の値の影響に比べると小さい[††]。

- 1 以下の値が現れる影響で，広範囲にばらつくことが推測できる。

- 以上により，Y/Z''（すなわち T 値）は標準正規分布とよく似た形ではあるが，両すそが少し持ち上がったものとなる。

- さらに，Z'' は自由度 n が大きくなるほど 1 に集中する。そのとき，$Y/Z'' = T$ の分布は Y だけの分布，すなわち標準正規分布に近づいていく。

[†] この式は以下のように使う。例えば $z' = 4$ の場合について考えよう。まず左辺について考える。$z'' = \sqrt{z'}$ より，$z'' = \sqrt{4} = 2$ となる。よって，$g(z'') = g(2)$ となる。
つぎに，右辺について考える。右辺 $= 2\sqrt{z'} f(z') = 2\sqrt{4} f(4) ≒ 2\sqrt{4} \times 0.010\,28 ≒ 0.041\,1$ となる。ここで，$z' = 4$ であることから，$z = 3 \cdot z' = 3 \times 4 = 12$ となる。よって，$f(z') = 3h(z)$，ゆえに，$f(4) = 3h(12) ≒ 3 \times 0.003\,42 = 0.010\,28$。

[††] 例えば，1 に対して ± 0.2 の値で除したとき，その商がどうなるか考えよう。-0.2 の場合には，$a/(1-0.2) = a/0.8 ≒ 1.25$，一方，$+0.2$ の場合には，$a/(1+0.2) = a/1.2 ≒ 0.83$ であり，前者は 25% の増加であるのに対し，後者は 17% の減少となる。

4.5.3 t 分布の定義

公式

スチューデントの t 分布 (Student's t distribution)

Y と Z がたがいに独立な確率変数とする。Y は平均 0, 分散 1 の正規分布（つまり，標準正規分布 $N(0, 1)$），Z は自由度 n（平均 n, 分散 $2n$）のカイ 2 乗分布（つまり，標準正規分布の 2 乗和）とする。このとき，確率変数 $T = Y/\sqrt{Z/n}$ は自由度 n のスチューデントの t 分布（もしくは単に，t 分布）に従う。

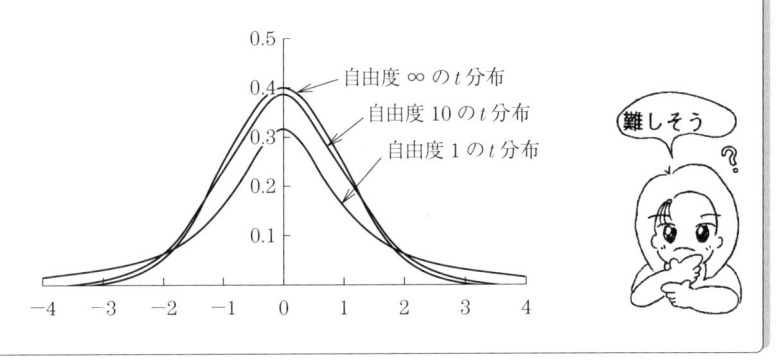

自由度 ∞ の t 分布
自由度 10 の t 分布
自由度 1 の t 分布

難しそう

4.5.4 正規分布の標準化（正規化，規格化）とは？

もとの正規分布について，ピーク位置を原点まで並進移動させ，かつ分散が 1（つまり標準偏差が 1）になるように伸び・縮みさせることをいう。ただし，横に縮めたときには，面積を 1 に保つため，縦に拡大させなければならないことに注意せよ。

一例として

$$N(5, 4) = \frac{1}{\sqrt{2\pi} \cdot 2} e^{-\frac{(x-5)^2}{2 \times 4}}$$

について考えよう。ピーク位置 $x = 5$ を原点まで並進移動させ，かつ分散が 1 になるように横に $1/\sqrt{\text{分散}} = 1/\sqrt{4} = 1/2$ に縮める（縦に 2 倍に拡大しなければならない）。

このとき，$x' = (x - 5)/2$ であることから，次式となる。

$$N(5,\ 4) = \frac{1}{\sqrt{2\pi}\cdot 2}e^{-\frac{(x-5)^2}{2\times 4}} = \frac{2}{\sqrt{2\pi}\cdot 2}e^{-\frac{(x')^2}{2}} = \frac{1}{\sqrt{2\pi}}e^{-\frac{(x')^2}{2}}$$
$$= N(0,\ 1)$$

このように標準化することにより,例えば,$N(5,\ 4)$ なる正規分布における $3 \leqq x \leqq 9$ の確率は,$x=3$ が $x'=-1$ に対応し,$x=9$ が $x'=2$ に対応することから,$N(0,\ 1)$ なる標準正規分布における $-1 \leqq x' \leqq 2$ の確率として求められる。

この標準正規分布 $N(0,\ 1)$ は数表などで容易に求めることができる(とはいえ,最近は計算ソフトも充実しており,$N(5,\ 4)$ も簡単に求められるが)。また,標準化後の値を見れば,(偏差値と同じように)分布の中でどのあたりに位置しているか,察しがつくという利点もある。

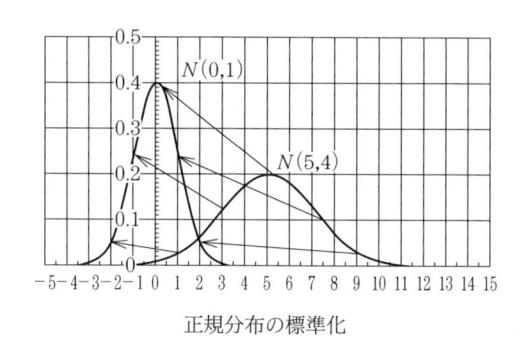

正規分布の標準化

補足説明 4.6

標準化に関連する注意 (念のための説明だよ。)

先の正規分布の項でテストの成績に関する"偏差値"の話をした。もともとの試験の得点が正規分布 $N(\mu_X,\ \sigma_X^2)$ に従って分布しており,$X_1,\ X_2,\ \cdots,\ X_n$ なるデータが得られたとする。このとき,平均の推定値 $\bar{X}$(標本平均)と分散の推定値 s_X^2(標本分散)は

$$\bar{X} = \frac{X_1 + X_2 + \cdots + X_n}{n}$$
$$s_X^2 = \frac{(X_1 - \bar{X})^2 + (X_2 - \bar{X})^2 + \cdots + (X_n - \bar{X})^2}{n-1}$$

により求められた。このようにして求めた s_X^2 を使って X_i を標準化すれば,す

なわち確率変数 $(X_i - \bar{X})/s_X$ を使えば，標準正規分布 $N(0, 1)$ になるのであろうか？

　得られた分布は，厳密には，標準正規分布 $N(0, 1)$ にはならないということである。したがって，標準正規分布 $N(0, 1)$ と仮定して各自の得点の順位（位置づけ）を見積もったとしても，その操作は厳密には正しくはない。このときには，自由度 $n-1$ のスチューデントの t 分布を用いなければならない。とはいえ，標準正規分布 $N(0, 1)$ とスチューデントの t 分布はよく似ており，標準正規分布 $N(0, 1)$ を用いても近似的には意味がある。さらに，**標本数が 30 を超えるような場合には，標準正規分布 $N(0, 1)$ とほとんど等しくなる。**

　自由度 ∞ の t 分布は標準正規分布 $N(0, 1)$ に等しい。

補足説明 4.7

　なぜ，スチューデントの t 分布なの？

　少し難しいけれど，ここで理解しておくとこのあとの t 検定で楽だよ

　では実際に，μ_X と，μ_X を用いて求めた s_X^2 を使って X を標準化してみよう。

$$s_X^2 = \frac{(X_1 - \mu_X)^2 + (X_2 - \mu_X)^2 + \cdots + (X_n - \mu_X)^2}{n}$$

に注意すると

$$\frac{X - \mu_X}{\sqrt{s_X^2}} = \frac{X - \mu_X}{\sqrt{\{(X_1 - \mu_X)^2 + (X_2 - \mu_X)^2 + \cdots + (X_n - \mu_X)^2\}/n}}$$

$$= \frac{(X - \mu_X)/\sigma_X}{\sqrt{\left\{\left(\frac{X_1 - \mu_X}{\sigma_X}\right)^2 + \left(\frac{X_2 - \mu_X}{\sigma_X}\right)^2 + \cdots + \left(\frac{X_n - \mu_X}{\sigma_X}\right)^2\right\}/n}}$$

　X は正規分布であった。これを真の分散 σ_X^2 を用いて標準化したものは，標準正規分布 $N(0, 1)$ になる。したがって，分子は $N(0, 1)$ そのものとなる。

　一方，$X_1, X_2, \cdots, X_n$ は，いずれも同じ正規分布であり，真の分散 σ_X^2 を用いて規格化したものは標準正規分布 $N(0, 1)$ となる。よって，分母は n 個の標準正規分布 $N(0, 1)$ の 2 乗和，すなわち自由度 n のカイ 2 乗分布を n で除したものとなる。これは，まさしく自由度 n のスチューデントの t 分布の定義に等しい！

　なお，実際に，分散の推定量 s_X^2 を求めるには，平均の真値 μ_X はわからないので，その代わりに推定値 $\bar{X}$ を用いた標本分散

$$s_X^2 = \frac{(X_1 - \bar{X})^2 + (X_2 - \bar{X})^2 + \cdots + (X_n - \bar{X})^2}{n - 1}$$

を用いる。これに関連して，重要な関係を導出しておこう。

$$\frac{\bar{X} - \mu_X}{\sqrt{s_X{}^2/n}} = \frac{(\bar{X} - \mu_X)\sqrt{n}}{\sqrt{\{(X_1 - \bar{X})^2 + (X_2 - \bar{X})^2 + \cdots + (X_n - \bar{X})^2\}/(n-1)}}$$

$$= \frac{\dfrac{\bar{X} - \mu_X}{\sigma_X/\sqrt{n}}}{\sqrt{\left\{\left(\dfrac{X_1 - \bar{X}}{\sigma_X}\right)^2 + \left(\dfrac{X_2 - \bar{X}}{\sigma_X}\right)^2 + \cdots + \left(\dfrac{X_n - \bar{X}}{\sigma_X}\right)^2\right\}/(n-1)}}$$

$$= \frac{N(0,\ 1)}{\sqrt{\text{自由度}(n-1)\text{のカイ2乗分布}/(n-1)}}$$

$$= \text{自由度}(n-1)\text{の}t\text{分布}$$

（分子はⅡ編 **1.2** 節の**補足説明 1.1** を，分母は本項の**ハイレベル補足説明 4.9** を参照）この関係はⅡ編 **2.1** 節やⅡ編 **3.1** 節で用いられる。

ハイレベル補足説明 4.8

従属変数の確率密度関数　　（　　読み飛ばしてもいいよ。）

独立変数 z' によって間接的に定められる従属変数を z'' と表す。このとき，それらの確率密度関数はどのように関係づけられるのだろうか？

まず，$f(z')$ と $g(z'')$ のあいだで，Z' の世界における微小区間 $z' \sim z' + dz'$ に生起する確率 $f(z')dz'$ は，それに対応する Z'' の世界における区間 $z'' \sim z'' + dz'''$ に生起する確率 $g(z'')dz''$ と等しい。すなわち，$f(z')dz' = g(z'')dz''$ なる関係が成り立つ。これを変形して

$$g(z'') = f(z')\frac{dz'}{dz''} \tag{1.4.1}$$

が得られる。

例えば，t 分布に出てくる関係，$z'' = \sqrt{z'}$ の場合には，$dz'/dz'' = 2z'' = 2\sqrt{z'}$ となる。これを式 (1.4.1) に代入して次式が得られる。

$$g(z'') = 2\sqrt{z'}f(z')$$

ハイレベル補足説明 4.9

自由度って？

読み飛ばしてもいいよ。

自由度とは，基本的には，たがいに独立な標本の"個数"と考えてよい。カイ2乗分布であれば，2乗和を構成する標準正規分布の"個数"であり，t 分布

であれば，T 値を与える式において分母に入っているカイ2乗分布の2乗和を構成する標準正規分布の"個数"である。まずは，"個数"ということを頭において，説明を続ける。

いま，ここに正規分布に従う母集団から二つの標本 X_1，X_2 を採集したとする（実現値なので，x_1，x_2 と表すほうが適切であるが，ここでも確率変数と見る）。二つの標本から標本平均 $\bar{X}$ を求め，それを使って2乗和 $z = (X_1 - \bar{X})^2 + (X_2 - \bar{X})^2$ を計算したとしよう。ここでは，真の平均 μ_X がわからないので，標本からの推定値 $\bar{X}$ を用いて2乗和 z を計算していた。しかし，これでは真の平均 μ_X からの差の2乗和にはならない。当然のことながら，その2乗和に等しくなるためには，標本平均が真の平均 μ_X と同じになるように標本 X_1，X_2 が選ばれなければならない。ということは，逆に，二つの標本を選ぶ場合，勝手に選ぶことはできず，$(X_1 + X_2)/2 = \mu_X$ という関係式を満たすように選ばなければならない。すなわち，二つの標本を選ぶときには，自由に選べるのは最初の一つ目だけで，二つ目は自由ではないのである。

このような意味で，標本の数が2のときには，自由度は1になると考えよう。この考え方は，つぎに述べる考え方に比べてわかりやすく，このあとも自由度を求めるときに利用するので，よく理解しておいて欲しい。標本数が3以上の場合でも同じであり，例えば，最後の一つは，$(X_1 + X_2 + \cdots + X_n)/n = \mu_X$ という関係式を満たすように選ばなければならないので，選択の自由はなく，自由度は $n - 1$，すなわち"標本の個数 $- 1$"になる。

ここで，別の観点から説明しよう。カイ2乗分布，あるいは t 分布においても，自由度を考慮する確率変数は2乗和で与えられる。したがって，自由度を理解するには，2乗和の大きさがポイントになると思われる。そこで，確率変数そのもの，すなわち2乗和の大きさについて考察しよう。$\bar{X}$ を用いて求めた2乗和の期待値は（II編**ハイレベル補足説明1.2**参照）

$$E[(X_1 - \bar{X})^2 + (X_2 - \bar{X})^2 + \cdots + (X_n - \bar{X})^2] = (n - 1)\sigma_X^2$$

となる[†]。これに対して，真の2乗和は

$$E[(X_1 - \mu_X)^2 + \cdots + (X_n - \mu_X)^2] = n\sigma_X^2$$

である。このように，2乗和の推定値 z と真の2乗和の大きさを比較すれば，2乗和の推定値 z の大きさは標本数 n によるのではなく，$n - 1$ によって決まる

[†] この式は，I編**ハイレベル補足説明1.2**では
$$E[\{(X_1 - \bar{X})^2 + (X_2 - \bar{X})^2 + \cdots + (X_n - \bar{X})^2\}/(n - 1)] = \sigma_X^2$$
であった。これを変形すると，次式となる。
$$E[(X_1 - \bar{X})^2 + (X_2 - \bar{X})^2 + \cdots + (X_n - \bar{X})^2] = (n - 1)\sigma_X^2$$

ことが理解できるだろう。その意味で自由度が $n-1$ になると考えるのである。

ハイレベル補足説明 4.10

t 分布確率関数 （読み飛ばしてもいいよ。）

$$f(t) = \frac{\Gamma\left(\dfrac{n+1}{2}\right)}{\sqrt{n\pi}\,\Gamma\left(\dfrac{n}{2}\right)} \cdot \left(1 + \frac{t^2}{n}\right)^{\frac{n+1}{2}} \quad (n \geq 1,\ -\infty < x < \infty)$$

となる。なお、この分布は通常は数表か、コンピュータを用いて計算するものであり、覚える必要はない。$\Gamma(n)$ はガンマ関数（I編**ハイレベル補足説明 4.5**参照）である。

例 4.3

もし $n = 3$ ならば、t 分布は

$$f(t) = \frac{\Gamma\left(\dfrac{3+1}{2}\right)}{\sqrt{3\pi}\,\Gamma\left(\dfrac{3}{2}\right)} \cdot \left(1 + \frac{t^2}{3}\right)^{-\frac{3+1}{2}} = \frac{1}{\dfrac{\sqrt{3\pi}}{2}} \cdot \left(1 + \frac{t^2}{3}\right)^{-2}$$

例 4.4

Y, X_1, X_2, X_3 は、それぞれ平均 5, 2, 2, 2, そして分散 9, 4, 4, 4 の正規分布であり、たがいに独立な確率変数とする。このとき、確率変数

$$T = \frac{\dfrac{Y-5}{\sqrt{9}}}{\sqrt{\left\{\left(\dfrac{X_1-2}{\sqrt{4}}\right)^2 + \left(\dfrac{X_2-2}{\sqrt{4}}\right)^2 + \left(\dfrac{X_3-2}{\sqrt{4}}\right)^2\right\}/3}}$$

は自由度 3 の t 分布をもつ。

例 4.5

自由度がそれぞれ 3, 6, 9 の t 分布において、右端の面積が 0.05 となる t 値を求めよ。なお、自由度 n、右端の面積 α を与える t 値を $t_{1-\alpha}{}^n$ と表す。

解 $t_{0.95}{}^3 = 2.35$, $t_{0.95}{}^6 = 1.94$, $t_{0.95}{}^9 = 1.83$

問 4.6

Y, X_1, X_2, X_3, X_4 を、それぞれ平均 6, 3, 3, 3, 3, 分散 16, 9, 9, 9, 9 の

正規分布の確率変数とする。

（1） Y を分子に，X_1, X_2, X_3, X_4 を分母に用いて，t 分布に従う確率変数を定義せよ。

（2） この t 分布に対して，分布の右端の面積が 0.05 となる t 値を求めよ。

4.6 フィッシャーの分布（F 分布）

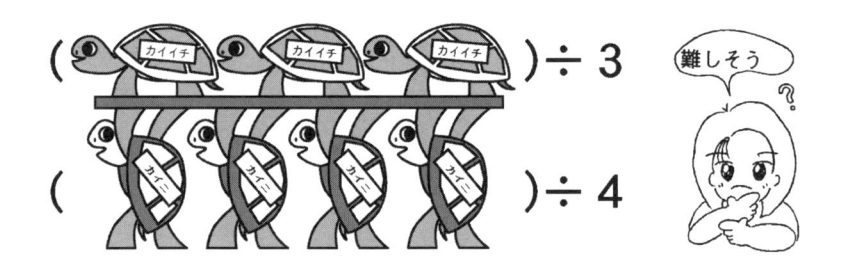

キュー ちゃん の 質問 コー ナー

🙂 いよいよ真打ち登場，F 分布です！ 近代統計学の巨匠ロナルド・フィッシャー（イギリス，1890〜1962）に由来する名前です。

🙂 「標本分散 × 自由度」の値は，カイ2乗分布に従うよね。ということは，カイ2乗分布を自由度で割ったものは？

😊 標本分散の分布を表すことになるネ。

🙂 ところで，F 分布は，二つの奇怪（カイ）2乗分布をそれぞれの自由度で割って，比をとったもの。だから，二つの標本分散の比の分布は？

😊 F 分布なんだ！

🙂 そう。ご名答。

4.6.1 なぜ，F 分布が必要か？

典型的な応用例で説明する。学級1からのテストの成績（三つの標本）と学級2からのテストの成績（四つの標本）の分布が

```
     |----+----o--o-------o------>          |----+-----o--o--o---o----->
              z₃  z₁      z₂                        w₃ w₂ w₁  w₄
                  学級1                                  学級2
```

であったとする。これらの標本から，学級1と学級2の成績の分布の広がりに有意差があるか否か判別したい。すなわち，それぞれの標本から求めた標本分散 $s_Z{}^2$, $s_W{}^2$

$$s_Z{}^2 = \frac{(z_1 - \mu_Z)^2 + (z_2 - \mu_Z)^2 + (z_3 - \mu_Z)^2}{3}$$

$$s_W{}^2 = \frac{(w_1 - \mu_W)^2 + (w_2 - \mu_W)^2 + (w_3 - \mu_W)^2 + (w_4 - \mu_W)^2}{4}$$

のあいだに有意差があるか否かを判別したい[†]。そのような場合に F 分布は用いられる。

　もし，Z と W が同じ大きさのばらつきをもっている正規分布（分散が等しく，σ^2 であるということ）であるとすれば，この2式の分子に対応する確率変数 $\{(Z_1 - \mu_Z)^2 + (Z_2 - \mu_Z)^2 + (Z_3 - \mu_Z)^2\}$，および $\{(W_1 - \mu_W)^2 + (W_2 - \mu_W)^2 + (W_3 - \mu_W)^2 + (W_4 - \mu_W)^2\}$ は，標準正規分布 X_1, X_2, X_3, Y_1, Y_2, Y_3, Y_4 の2乗和，すなわち，$\{\sigma^2 X_1^2 + \sigma^2 X_2^2 + \sigma^2 X_3^2\}$，および $\{\sigma^2 Y_1^2 + \sigma^2 Y_2^2 + \sigma^2 Y_3^2 + \sigma^2 Y_4^2\}$ で表すことができる。

　ここで，Z と W のばらつきに有意差があるか否かを判別するのであれば，標本から求めた標本分散の比，$s_Z{}^2/s_W{}^2$ の値そのものが，どれくらいばらつくのかを調べればよい。当然，$s_Z{}^2/s_W{}^2$ が1に近ければ Z と W のばらつきに有意差がないということになり，1からはずれるほど有意差があるという推測が成り立つ。その目安を与えてくれるのが F 分布なのである。

　では実際に計算を進めよう。

$$\frac{s_Z{}^2}{s_W{}^2} = \frac{\{(z_1 - \mu_Z)^2 + (z_2 - \mu_Z)^2 + (z_3 - \mu_Z)^2\}/3}{\{(w_1 - \mu_W)^2 + (w_2 - \mu_W)^2 + (w_3 - \mu_W)^2 + (w_4 - \mu_W)^2\}/4}$$

$$= \frac{\{\sigma^2 X_1^2 + \sigma^2 X_2^2 + \sigma^2 X_3^2\}/3}{\{\sigma^2 Y_1^2 + \sigma^2 Y_2^2 + \sigma^2 Y_3^2 + \sigma^2 Y_4^2\}/4}$$

$$= \frac{\{X_1^2 + X_2^2 + X_3^2\}/3}{\{Y_1^2 + Y_2^2 + Y_3^2 + Y_4^2\}/4} \Leftrightarrow \frac{V_1/n_1}{V_2/n_2} = F$$

確かに F 値が分散の比を与えることがわかる。

[†] ここでは，真の平均 μ_Z, μ_W がわかっているものとし，それぞれ標本の個数3, 4で除している。もし，わかっていなければ（これが通常の場合）それぞれ $3 - 1 = 2$, $4 - 1 = 3$ で除しなければならない。

これをもう少し一般的な言い方で表そう。

二組の標本（n_1 個，n_2 個）が与えられたとき，それぞれの広がりの大きさに有意差があるか否かを測ることのできるものといえる。

具体的には，もし，二組の標本がいずれも同じ母集団からのものであるとすれば，それぞれから求められた標本分散の比（これも一つの確率変数）は，自由度 $n_1 - 1$，$n_2 - 1$ の F 分布に従う（標本分散なので -1）。その値が異常に小さかったり，大きかったりしたときには，二組の標本は同じ母集団からの標本ではない，ということになる。このような操作を "**検定**" という。

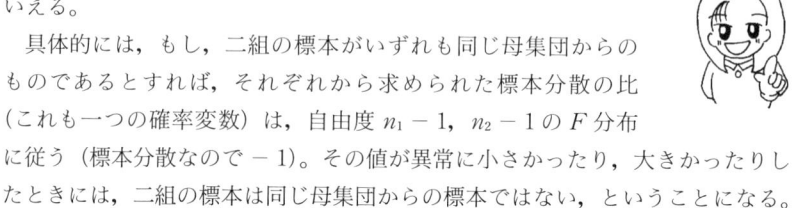

アッそうか！

4.6.2　フィッシャーの分布，F 分布とは？

V_1 と V_2 をそれぞれ自由度 n_1，n_2 のカイ2乗分布の確率変数とする。このとき，確率変数 $F = (V_1/n_1)/(V_2/n_2)$ は自由度 n_1 と n_2 の**フィッシャーの分布**（**F 分布**，Fisher's F distribution）に従う。以下，その分布を見てみよう。

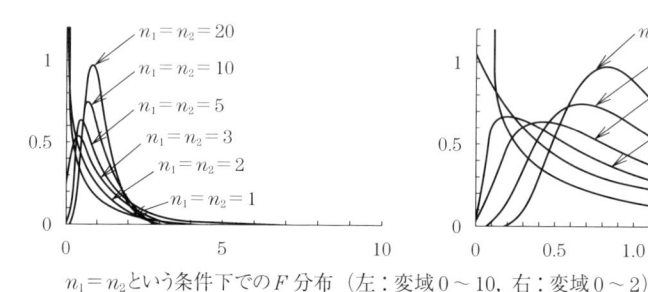

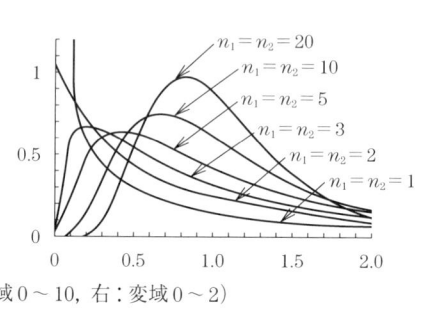

$n_1 = n_2$ という条件下での F 分布（左：変域 $0 \sim 10$，右：変域 $0 \sim 2$）

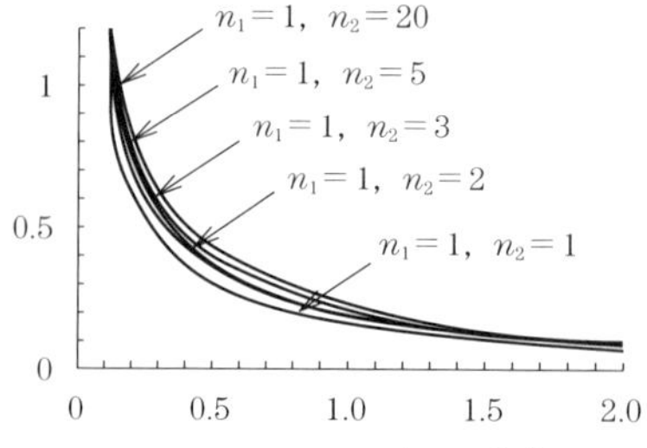

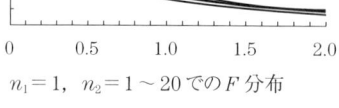

$n_1 = 1$，$n_2 = 1 \sim 20$ での F 分布

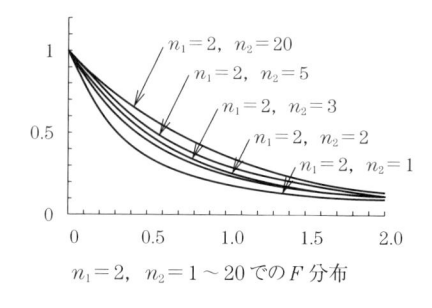

$n_1 = 2$，$n_2 = 1 \sim 20$ での F 分布

$n_1=3,\ n_2=1\sim 20$ での F 分布

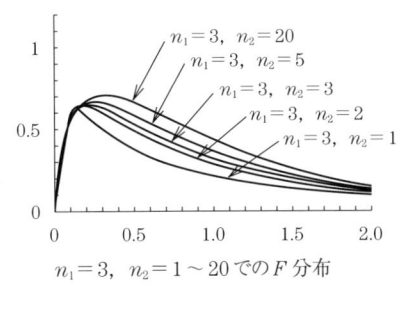

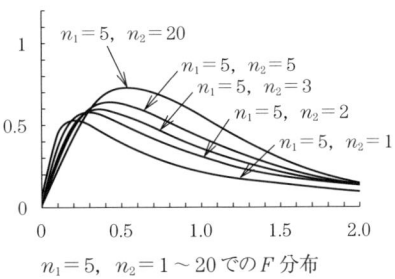

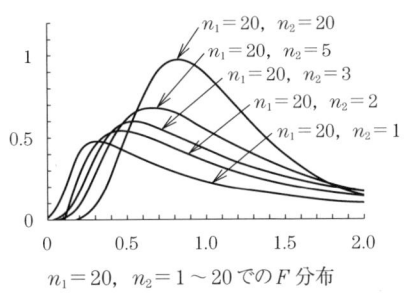

$n_1=5,\ n_2=1\sim 20$ での F 分布

$n_1=20,\ n_2=1\sim 20$ での F 分布

4.6.3 F 分布の生い立ち

補足説明 4.11

正攻法で，F 分布を理解するには（以下の順で整理しよう。）

- 正規分布を理解する。
- 正規分布に従う確率変数 X の 2 乗で与えられる確率変数 X^2 について理解する。
- 複数の X^2 の和として与えられる確率変数 V の分布であるカイ 2 乗分布を理解する。
- V を自由度 n で除した確率変数 V/n の分布を理解する。
- 二つの確率変数，V_1/n_1，V_2/n_2 の比の値，F の分布で定められる F 分布を理解する。

再度，カイ 2 乗分布の例を図示すると

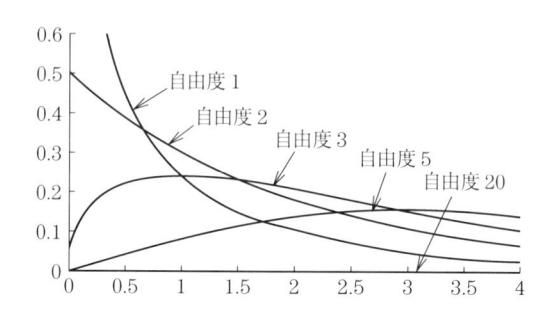

[図: 自由度 1, 自由度 2, 自由度 3, 自由度 5, 自由度 20 のカイ2乗分布のグラフ（縦軸 0〜0.6，横軸 0〜4）]

となる。これを横方向に $1/n_1$ 倍に縮めると（縦方向に n_1 倍に拡大）

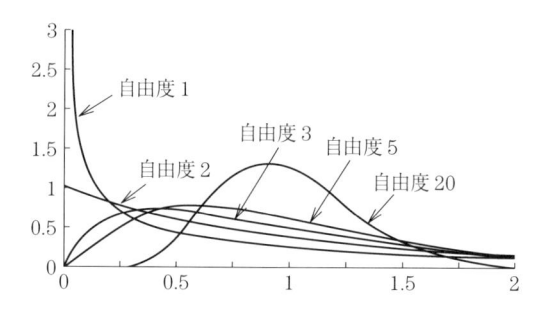

[図: 自由度 1, 自由度 2, 自由度 3, 自由度 5, 自由度 20 の密度関数グラフ（縦軸 0〜3，横軸 0〜2）]

となり，これが確率変数 V_1/n_1 の確率密度関数となる。確率変数 V_1 は自由度 n_1 のカイ 2 乗分布であったから，その平均は n_1 となる。したがって，確率変数 V_1/n_1 は，平均が $n_1/n_1 = 1$ となる。

さて，F 分布について考察しよう。F 分布とは，このような二つの確率変数について，一方 V_1/n_1 を他方 V_2/n_2 で除した商 $(V_1/n_1)/(V_2/n_2)$ である。V_1/n_1，V_2/n_2 のいずれも平均は 1 であり，その近くで，そして正の範囲でばらつくイメージをもとう。両方がともに小さくても，大きくても値が近ければ，商は 1 に近いだろう。V_1/n_1 が小さくて，V_2/n_2 が大きいときには，商は 0 に近い。逆の場合には，商は 1 より大きくなるだろう。

このように考えていくと，商 $(V_1/n_1)/(V_2/n_2)$ が，おおむね，1 のまわりでばらつくことが想像できるであろう。

ハイレベル補足説明 4.12

F 分布確率関数 （読み飛ばしてもいいよ。）

$$f(F) = \begin{cases} \dfrac{\Gamma\left(\dfrac{n_1+n_2}{2}\right)}{\Gamma\left(\dfrac{n_1}{2}\right)\Gamma\left(\dfrac{n_2}{2}\right)} \cdot \left(\dfrac{n_1}{n_2}\right)^{\frac{n_1}{2}} \cdot \dfrac{F^{\frac{n_1}{2}-1}}{\left(1+\dfrac{n_1}{n_2}F\right)^{\frac{n_1+n_2}{2}}} & (F>0) \\ 0 & (F \leq 0) \end{cases}$$

例 4.6

もし $n_1 = 3$, $n_2 = 4$ であるとき，F 分布は次式で表される。

$$f(F) = \dfrac{\Gamma\left(\dfrac{3+4}{2}\right)}{\Gamma\left(\dfrac{3}{2}\right)\Gamma\left(\dfrac{4}{2}\right)} \cdot \left(\dfrac{3}{4}\right)^{\frac{3}{2}} \cdot \dfrac{F^{\frac{3}{2}-1}}{\left(1+\dfrac{3}{4}F\right)^{\frac{3+4}{2}}}$$

$$= \dfrac{45\sqrt{3}}{32} \cdot \dfrac{\sqrt{F}}{\left(1+\dfrac{3}{4}F\right)^{\frac{7}{2}}}$$

例えば，$F = 4$ のときには，

$$f(4) = \dfrac{45 \times \sqrt{3} \times \sqrt{4}}{32 \times \left(1 + 3 \times \dfrac{4}{4}\right)^{\frac{7}{2}}}$$

$$= \dfrac{45 \times \sqrt{3} \times 2}{32 \times (1+3)^{\frac{7}{2}}} = \dfrac{45 \times \sqrt{3} \times 2}{32 \times 2^7}$$

$$\fallingdotseq 0.038$$

例 4.7

X_1, X_2, X_3, Y_1, Y_2, Y_3, Y_4 を，それぞれ平均 5, 5, 5, 2, 2, 2, 2, そして，分散が 9, 9, 9, 4, 4, 4, 4 の正規分布の確率変数とする。

このとき，確率変数

$$F = \dfrac{\left\{\dfrac{(X_1-5)^2}{9} + \dfrac{(X_2-5)^2}{9} + \dfrac{(X_3-5)^2}{9}\right\}/3}{\left\{\dfrac{(Y_1-2)^2}{4} + \dfrac{(Y_2-2)^2}{4} + \dfrac{(Y_3-2)^2}{4} + \dfrac{(Y_4-2)^2}{4}\right\}/4}$$

は，**例 4.6** のように自由度 3 と 4 の F 分布に従う。

問 4.7

有意水準 $\alpha = 0.05$ として，自由度 3 と 4 の F 分布の右端での F の値を求めよ。

問 4.8

X_1, X_2, Y_1, Y_2, Y_3 を，それぞれ平均 6, 6, 3, 3, 3, そして分散が 16, 16, 9, 9, 9 の正規分布の確率変数とする。X_1, X_2 を分子に，Y_1, Y_2, Y_3 を分母に用いて，F 分布に従う確率変数を定義せよ。

II. 統計 Statistics

1章 標本理論

1.1 統計的推論

キューちゃんの質問コーナー

- I編で勉強したんだけど，母集団と標本の関係って？
- "一を聞き，十を知る"だよ。
- もうっ。"標本を聞き，母集団を知る"って言いたいのね。
  じゃあ，"百聞は一見に如かず"とも言うけど，どうなるの？
- 参りました。

大学生15 000人の中から50人を選び出し，彼らの身長を調べることで，15 000人全員の身長について結論を導き出すことを考えよう。このとき，すべての学生15 000人のグループは母集団となる。母集団から選び出した，すなわち抽出した50人の学生は標本と見ることができる。

このように，標本から得られた結果に基づいて，母集団について，何らかのことを推論するプロセスを**統計的推論**という。

問1.1

ある工場で，6日間連続して，毎日ランダムに選んだ10個の製品を検査し，不良品の製造される割合を調べた。この場合，母集団と標本は何になるか？

問 1.2

200個のカラーボールが入っている箱から5個のボールを取り出し，すべてのボールの色について，結論を導き出そうとした場合，母集団と標本は何になるか？

1.2 不偏推定

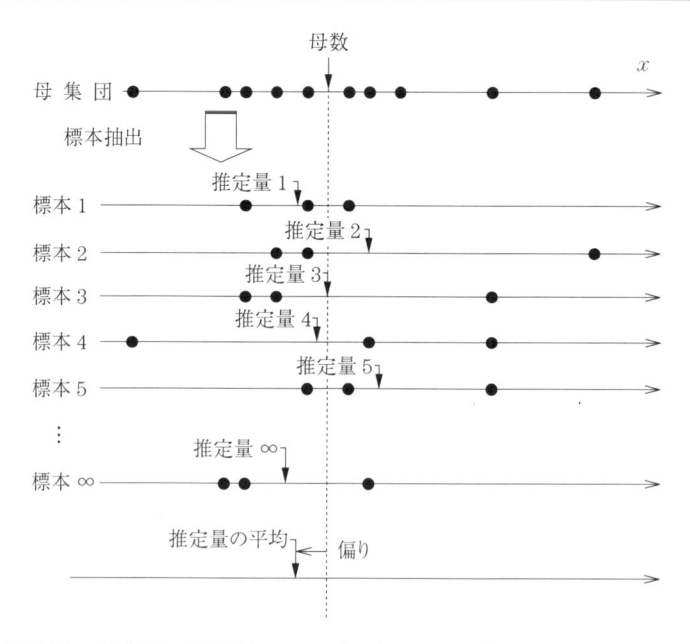

ある**統計量**の推定量の期待値が，**母数**（それに対応する母集団の統計量）と一致するとき，その推定量を**不偏推定量**（unbiased estimator）と呼び，その値はその母数の**不偏推定値**（unbiased estimate）となる。

> **公 式**
>
> 確率変数 X について，その平均の不偏推定値は，**標本平均** $\bar{X}$ で与えられ，その分散の不偏推定値は，**標本分散** $s_X{}^2$ で与えられる。
>
> $$\bar{X} = \frac{x_1 + x_2 + \cdots + x_n}{n}$$
>
> $$s_X{}^2 = \frac{(x_1 - \bar{X})^2 + (x_2 - \bar{X})^2 + \cdots + (x_n - \bar{X})^2}{n - 1}$$

1. 標 本 理 論

例えば，ランダムに 10 個選び出したボールの直径〔cm〕が，14.0，14.1，14.1，14.2，14.1，14.2，14.0，14.2，14.1，14.1 であったとして，考えてみよう。

すなわち，この例では

$$\bar{X} = \frac{x_1 + x_2 + \cdots + x_n}{n}$$

$$= \frac{14.0 + 14.1 + 14.1 + 14.2 + 14.1 + 14.2 + 14.0 + 14.2 + 14.1 + 14.1}{10}$$

$$= 14.11 \,\text{[cm]}$$

である。標本平均 $\bar{X}$ は不偏推定量なので，その期待値，つまり，このようにして求めた標本平均が無限に多くあるならば，それらの平均が**母平均** μ_X となるということである。これは

$$E[\bar{X}] = E\left[\frac{x_1 + x_2 + \cdots + x_n}{n}\right]$$

$$= \frac{E[x_1] + E[x_2] + \cdots + E[x_n]}{n}$$

$$= \frac{\mu_X + \mu_X + \cdots + \mu_X}{n} = \frac{n\mu_X}{n} = \mu_X$$

により説明できる。一方，標本分散 $s_X{}^2$ は

$$s_X{}^2 = \{(x_1 - \bar{X})^2 + (x_2 - \bar{X})^2 + \cdots + (x_n - \bar{X})^2\}/(n-1)$$

$$= \{(14.0 - 14.11)^2 + (14.1 - 14.11)^2 + (14.1 - 14.11)^2$$
$$+ (14.2 - 14.11)^2 + (14.1 - 14.11)^2 + (14.2 - 14.11)^2$$
$$+ (14.0 - 14.11)^2 + (14.2 - 14.11)^2 + (14.1 - 14.11)^2$$
$$+ (14.1 - 14.11)^2\}/(10 - 1) = 0.005\,4 \,\text{[m}^2\text{]}$$

したがって，$s_X = 0.073\,\text{[m]}$ となる。

同様に，標本分散 $s_X{}^2$ の期待値は母分散 $\sigma_X{}^2$ (II 編**ハイレベル補足説明 1.2** 参照)，すなわち，$E[s_X{}^2] = \sigma_X{}^2$ であるので，標本分散は不偏推定量といえる。

ところで，値の等しい標本の要素をまとめてグループ分けすれば，これらは，より簡単に計算することができる。

公式

$$\bar{X} = (n_1 x_1 + n_2 x_2 + \cdots + n_N x_N)/(n_1 + n_2 + \cdots + n_N)$$
$$s_X{}^2 = \{n_1(x_1 - \bar{X})^2 + n_2(x_2 - \bar{X})^2 + \cdots + n_N(x_N - \bar{X})^2\}/$$
$$(n_1 + n_2 + \cdots + n_N - 1)$$

この例では

$$\bar{X} = (n_1 x_1 + n_2 x_2 + \cdots + n_N x_N)/(n_1 + n_2 + \cdots + n_N)$$
$$= (2 \times 14.0 + 5 \times 14.1 + 3 \times 14.2)/(2 + 5 + 3) = 14.11 \,[\text{m}]$$
$$s_X{}^2 = \{n_1(x_1 - \bar{X})^2 + n_2(x_2 - \bar{X})^2 + \cdots + n_N(x_N - \bar{X})^2\}/$$
$$(n_1 + n_2 + \cdots + n_N - 1)$$
$$= \{2 \times (14.0 - 14.11)^2 + 5 \times (14.1 - 14.11)^2 + 3$$
$$\times (14.2 - 14.11)^2\}/(2 + 5 + 3 - 1) = 0.0054 \,[\text{m}^2]$$

補足説明 1.1

平均の分散って？

これは覚えておくといいよ。

有限個数の実現値（実現値の場合には，$x_1, x_2, \cdots, x_n$ と表すほうが適切であるが，ここでは確率変数と見て $X_1, X_2, \cdots, X_n$ と表す）から求めた標本平均

$$\bar{X} = (X_1 + X_2 + \cdots + X_n)/n$$

の（標本）分散 $\sigma_{\bar{X}}{}^2$ について述べる。$\sigma_{\bar{X}}{}^2$ は，標本内の各実現値 x の分散ではなく，標本すべての実現値の平均 $\bar{X}$ の分散であることに注意せよ。

$$\sigma_{\bar{X}}{}^2 = E[(\bar{X} - \mu_X)^2] = E[\{(X_1 + X_2 + \cdots + X_n)/n - \mu_X\}^2]$$
$$= E[\{(X_1 - \mu_X)^2 + (X_2 - \mu_X)^2 + \cdots + (X_n - \mu_X)^2\}/n^2]$$
$$= (\sigma_X{}^2 + \sigma_X{}^2 + \cdots + \sigma_X{}^2)/n^2 = \sigma_X{}^2/n$$

ただし

$$E[(X_i - \mu_X)(X_j - \mu_X)] = 0 \quad (i \neq j)$$

このように，**n 個のデータ（標本）の平均をとったとき，その分散はもとの分散の n 分の 1 に減少する**のである[†]。読者は，平均をとればその値が正確にな

[†] 上記の関係式は**無限母集団**（大きさ，すなわち要素の個数が無限大であるような母集団）からの標本を前提としたものである。そうではなく，**有限母集団**（大きさ，すなわち要素の個数が有限個であるような母集団）の場合には次式で表される。

$$\sigma_{\bar{X}}{}^{-2} = \frac{N-n}{N-1} \cdot \frac{\sigma_X{}^2}{n}$$

ることを知っているであろう。これがその根拠である。したがって，確率変数 $\bar{X}$ の真の平均 μ_X からの差 $\bar{X} - \mu_X$ を真の標準偏差 $\sigma_X/\sqrt{n}$ で除した値，すなわち

$$\frac{\bar{X} - \mu_X}{\sigma_X/\sqrt{n}}$$

は標準正規分布 $N(0, 1)$ に従う。

ところで，ここでは X_i が正規分布に従うという前提で述べた。じつは X_i がどのような分布（平均 μ_X，分散 $\sigma_X{}^2$）であったとしても，その平均 $\bar{X}$ は**中心極限定理**により，平均 μ_X，分散 $\sigma_X{}^2/n$ の正規分布に近づいていく。

ハイレベル補足説明1.2

不偏分散って？

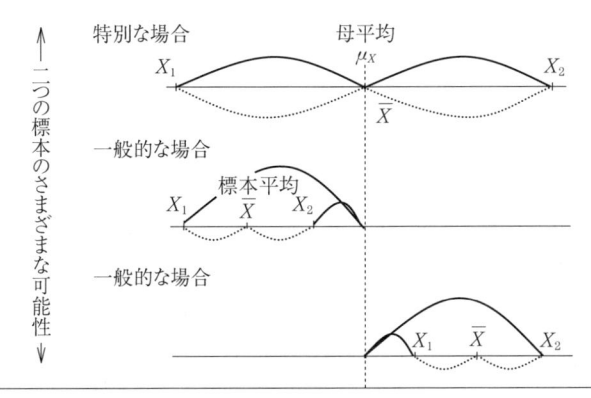

二つの標本のさまざまな可能性

特別な場合　　　　　母平均
　　　　　　　　　　 μ_X
　X_1　　　　　　　　　　　　　　X_2
　　　　　　　　　　 $\bar{X}$

一般的な場合
　　　　　標本平均
　　　　　　$\bar{X}$
　X_1　　　　X_2

一般的な場合
　　　　　　　　　　　X_1　$\bar{X}$　X_2

偶然,標本平均が母平均に等しくなることはある。しかし,一般的には等しくならない。そのため,各データの標本平均からの隔たり（　　　　　　　）の2乗和は母平均からの隔たり（　　　　　　　）の2乗和よりも小さい

分散は残差2乗和の期待値であることから，n で除すればよいように思えるであろう。しかし，$n-1$ で除しなければならない。このようにして求めた分散を X の**不偏分散** $s_X{}^2$ と呼ぶ。これは，このように n 個の標本から求めた $s_X{}^2$ を無限に増やしていき，それらの平均をとると，すなわち期待値 $E[s_X{}^2]$ をとると，真の分散 $\sigma_X{}^2$ になることを意味する。このような性質を**不偏性**と呼ぶ。なぜ，分散を求めるときに $n-1$ で除しなければならないのか？

その理由を以下に述べる。

$$E[s_X{}^2] = E[\{(X_1 - \bar{X})^2 + (X_2 - \bar{X})^2 + \cdots + (X_n - \bar{X})^2\}/(n-1)]$$
$$= E[\{(X_1 - \mu_X + \mu_X - \bar{X})^2 + (X_2 - \mu_X + \mu_X - \bar{X})^2 + \cdots$$
$$+ (X_n - \mu_X + \mu_X - \bar{X})^2\}/(n-1)]$$
$$= E[\{(X_1 - \mu_X)^2 + (X_2 - \mu_X)^2 + \cdots + (X_n - \mu_X)^2$$
$$- 2(X_1 - \mu_X)(\bar{X} - \mu_X) - 2(X_2 - \mu_X)(\bar{X} - \mu_X) \cdots$$
$$- 2(X_n - \mu_X)(\bar{X} - \mu_X) + (\mu_X - \bar{X})^2 + (\mu_X - \bar{X})^2$$
$$+ \cdots + (\mu_X - \bar{X})^2\}/(n-1)]$$
$$= \{n\sigma_X{}^2 - 2\sigma_X{}^2 + \sigma_X{}^2\}/(n-1) = \sigma_X{}^2$$

ただし
$$E[(X_1 - \mu_X)^2 + (X_2 - \mu_X)^2 + \cdots + (X_n - \mu_X)^2] = n\sigma_X{}^2$$
$$E[-2(X_1 - \mu_X)(\bar{X} - \mu_X) - 2(X_2 - \mu_X)(\bar{X} - \mu_X) \cdots$$
$$- 2(X_n - \mu_X)(\bar{X} - \mu_X)]$$
$$= E[-2\{\sum(X_i - \mu_X)\}(\bar{X} - \mu_X)]$$
$$= E[-2(\sum X_i - \sum \mu_X)(\bar{X} - \mu_X)]$$
$$= E[-2(n\bar{X} - n\mu_X)(\bar{X} - \mu_X)] = -2nE[(\bar{X} - \mu_X)^2]$$
$$= -2n\sigma_X{}^2/n = -2\sigma_X{}^2$$
$$E[(\mu_X - \bar{X})^2 + (\mu_X - \bar{X})^2 + \cdots + (\mu_X - \bar{X})^2] = nE[(\bar{X} - \mu_X)^2]$$
$$= \sigma_X{}^2$$

したがって，**$n-1$ で除することにより，期待値 $E[s_X{}^2]$ が真の分散 $\sigma_X{}^2$ になる**のである．このように期待値が真値となるような推定量を，不偏推定量と呼んだ．とはいえ，n が 100 を超えるような状況では，$n-1$ の代わりに n で除しても，値はほとんど変わらなくなるので，n を用いてもよい．なお
$$E[s_X{}^2] = E[\{(X_1 - \bar{X})^2 + (X_2 - \bar{X})^2 + \cdots + (X_n - \bar{X})^2\}/(n-1)]$$
$$= \sigma_X{}^2$$
より
$$E[\{(X_1 - \bar{X})^2 + (X_2 - \bar{X})^2 + \cdots + (X_n - \bar{X})^2\}/\sigma_X{}^2] = n-1$$
となる．これは，$\{(X_1 - \bar{X})^2 + (X_2 - \bar{X})^2 + \cdots + (X_n - \bar{X})^2\}/\sigma_X{}^2$ が，$n-1$ 個の標準正規分布の 2 乗和，つまりカイ 2 乗分布に従うことを示唆している．

問 1.3

標本 1 891，1 892，1 887，1 800，2 000 から，標本平均と標本分散を計算せよ．

問 1.4

もし標本が大きいときには，生のデータをまとめてグループ分けすると便利である．ある標本は，大学の学生 40 人の身長で構成されている．標本を**クラス**（**カテゴリ**ともいう）ごとに分類し，それぞれのクラスに属する学生の数を決めると，その数は**クラス度数**と呼ばれる．得られた配列は**度数分布**と呼ばれ，つぎのようなものになった．この場合の標本平均と標本分散を求めよ．

クラス間隔 (class interval)	クラス代表値 (class mark)	クラス度数 (frequency)
150 〜 159	154.5	4
160 〜 169	164.5	15
170 〜 179	174.5	20
180 〜 189	184.5	1
計 (total)		40

2章 区間推定

2.1 母平均の区間推定

キューちゃんの質問コーナー

- 区間推定って？
- 神のみぞ知る母平均と母分散。でも十中八九，この範囲ならわれわれだって手が届く！
- 大きく，手を広げて，包み込んじゃう感じね。

2.1.1 区間推定とは？

記述の簡単化のため，特に断らないかぎり，本節以降，μ は μ_X を表し，s^2 は s_X^2 を表すものとする。

例 2.1

以下の例のように，標本すなわち，実際に生起した値（実現値）が 0.98, 1.01, 0.95, 1.10, 0.90 であり，これらから平均の推定値，すなわち標本平均を

$$\bar{X} = \frac{0.98 + 1.01 + 0.95 + 1.10 + 0.90}{5} = 0.988$$

と求めたとする。私たちはこの値について，どのように考えればよいのであろうか？

解 平均の推定値 $\bar{X}$ は，ばらついた値から求めたものなので

のように，真の平均 μ から，はずれている可能性がある．そのはずれ方の大きさの程度は，平均の推定値の標本分散 s^2/n で表すことができた†．すなわち

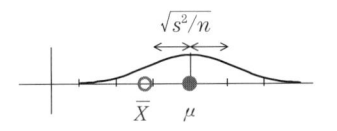

のように，標準偏差 $\sqrt{s^2/n} = s/\sqrt{n}$ に象徴されるばらつきをもつ．すなわち，誤解を恐れずに言ってしまえば，$\overline{X}$ は μ となる確率が最大であり，μ からはずれるに従ってその確率が小さくなると見ることができる（その範囲は $s/\sqrt{n}$ の3倍程度）．そうすると

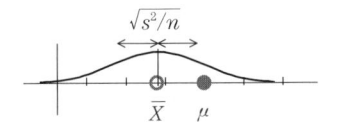

のように，逆に，得られた $\overline{X}$ に μ が存在する確率が最大であり，$\overline{X}$ からはずれるに従って μ の存在する確率が小さくなると考えることができる（その範囲は $s/\sqrt{n}$ の3倍程度）．

このように，"母平均 μ が，平均の推定値 $\overline{X}$ の前後に収まっている"というように推定することを，**母平均 μ の区間推定**（interval estimation of population mean）という．ここで，範囲の最大値と最小値をそれぞれ，**上方信頼限界**，**下方信頼限界**，両者を総称して**信頼限界**（confidence limit）といい，範囲を**信頼区間**（confidence interval）という．ここで，その範囲内に収まっている確率が β ％であるとき，**信頼係数**（confidence coefficient）β ％信頼限界，信頼係数 β ％信頼区間という．通常は，β ％を二分して，大きいほうの信頼限界以上の値となる確率が $\beta/2$ ％に，小さいほうの信頼限界以下の値となる確率も $\beta/2$ ％になるように設定する．

---

† I編補足説明 **4.7** を参照せよ．平均の分散は，もとの標本分散 s^2 の $1/n$，すなわち s^2/n に減少することを思い出そう．

2.1.2 t 分布の登場

前項で説明したように，平均の推定値 $\bar{X}$ と，平均の推定値 $\bar{X}$ の標準偏差 $\sigma_{\bar{X}}$ を用いれば，真値 μ は区間推定することができる。しかし，標準化して考えれば，より統一的に扱える。そして，もう一つ，厳密に考えれば，「2.1.1 項で用いた s^2 は，次節で述べるようにカイ2乗分布に従っているため，平均より小さめの値となる確率が高い」ことを考慮しなければならない。そこで登場するのが t 分布である。

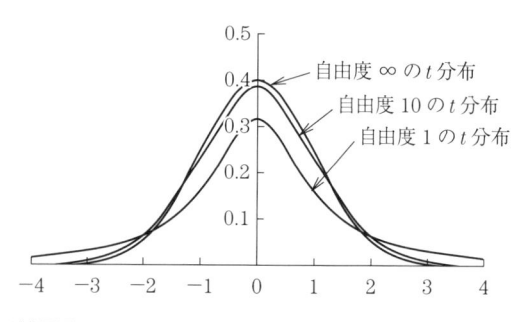

（自由度 ∞ の t 分布、自由度 10 の t 分布、自由度 1 の t 分布）

I 編補足説明 4.4 を思い出そう。すなわち

$$\boxed{\begin{array}{c}\text{正規分布する確率変数 }X\text{ の}\\ \text{平均 }\mu\text{ からの差,}\ X-\mu\end{array}} \div \boxed{\begin{array}{c}\text{確率変数 }X\text{ の標本}\\ \text{分散 }s^2\text{ の平方根, }s\end{array}}$$

$$= \boxed{\text{自由度（標本数}-1\text{）の }t\text{ 分布}}$$

であった。これを**例 2.1** に適用すると

$$\boxed{\bar{X}-\mu} \div \boxed{\begin{array}{c}\bar{X}\text{ の標本分散 }s^2/n\\ \text{の平方根, }\sqrt{s^2/n}\end{array}} = \boxed{\begin{array}{c}\text{自由度（標本数}-1\text{）}\\ \text{の }t\text{ 分布}\end{array}}$$

となる。したがって $(\bar{X}-\mu)/\sqrt{s^2/n}$ は，上下二つの t 値により

$$-t_{0.5+\beta/2} \leqq \frac{\bar{X}-\mu}{\sqrt{s^2/n}} \leqq t_{0.5+\beta/2}$$

のように範囲を定めることができる。これを変形して母平均の区間推定の公式，すなわち母平均 μ の 100β ％信頼区間はつぎのようになる。

公式

$$\bar{X} - t_{0.5+\beta/2}\sqrt{s^2/n} \leqq \mu \leqq \bar{X} + t_{0.5+\beta/2}\sqrt{s^2/n}$$

2. 区間推定

例 2.2

ある被験者の反応時間が，0.98, 1.01, 0.95, 1.10, 0.90 秒のような測定結果であった。このとき，母平均の 95% 信頼限界を求めよ。

解 上記のような小標本では，信頼限界を求めるために t 分布を用いる。t 分布において，t 値 $-t_{0.975}$ と $t_{0.975}$ は，それぞれ 2.5% のすそをもつので（I 編 **4.5** 節参照），信頼区間は，つぎのように与えられる。

$$-t_{0.975} \leq \frac{\bar{X} - \mu}{\sqrt{s^2/n}} \leq t_{0.975}$$

ここで

$$\bar{X} = \frac{0.98 + 1.01 + 0.95 + 1.10 + 0.90}{5} = 0.988$$

$$s^2 = \{(0.98 - 0.988)^2 + (1.01 - 0.988)^2 + (0.95 - 0.988)^2$$
$$+ (1.10 - 0.988)^2 + (0.90 - 0.988)^2\}/(5 - 1)$$
$$= 0.00557$$

$$n - 1 = 5 - 1 = 4$$

$$t_{1-(1-0.95)/2}^{5-1} = t_{0.975}^{4} = 2.78$$

これらの値を代入すると

$$-2.78 \leq \frac{0.988 - \mu}{\sqrt{0.00557/5}} \leq 2.78$$

この式から μ を求めると，μ の 95% 信頼区間

$$0.988 - 2.78\sqrt{0.00557/5} \leq \mu \leq 0.988 + 2.78\sqrt{0.00557/5}$$

$$0.895 \leq \mu \leq 1.081$$

が得られる。値 0.895 と 1.081 は μ の 95% 信頼限界である。

以降では，問題解法の手順を理解しやすくするため，スーパーチャートとスーパーテーブルを用いて，問題を解く手順を示していくことにする。これにより，視覚的に解法までの手順を理解することができる。

II. 統計

```
[0] 標本
 ├─→ [2-1] n
 │    └─→ [2-2] n-1
 ├─→ [3-1] X̄
 └─→ [3-2] s²
      └─→ [4-1] √(s²/n)

[1-1] α
 ├─→ [1-3] α/2
 └─→ [1-2] β

[4-2] t_{1-α/2}^{n-1}
  └─→ [4-3] Δ
       └─→ [5] 信頼区間
```

← スーパーチャートだよ

↓ スーパーテーブルだよ

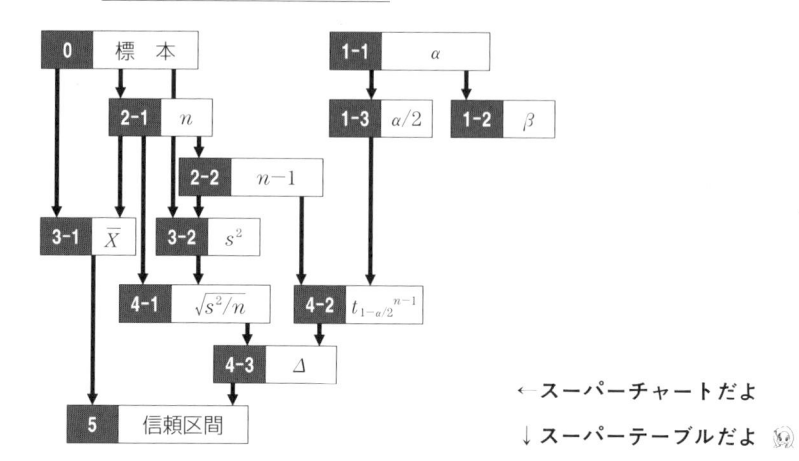

手順	項目	記号	求め方	数値
0	標本を書き出す	$X_1, X_2, \cdots, X_n$		0.98, 1.01, 0.95, 1.10, 0.90
1-1	有意水準	α	適切に定める	0.05
1-2	信頼係数	β	$= 1-\alpha$	0.95
1-3			$= \alpha/2$	0.025
2-1	標本数	n	標本に従って求められる	5
2-2	自由度		$= n-1$	4
3-1	標本平均	$\bar{X}$	$= \dfrac{1}{n}\sum_{i=1}^{n} X_i$	0.988
3-2	標本分散	s^2	$= \dfrac{1}{n-1}\sum_{i=1}^{n}(X_i-\bar{X})^2$	0.00557
4-1	$\bar{X}$ の標本標準偏差		$= \sqrt{s^2/n}$	0.0334
4-2	自由度が $n-1$，分布関数の値が $1-\alpha/2$ となる t 値	$t_{1-\alpha/2}^{n-1}$	t 分布の数表から求める	2.78
4-3		Δ	$= t_{1-\alpha/2}^{n-1}\sqrt{s^2/n}$	0.093
5	母平均 μ の $100\beta\%$ 信頼区間		$\bar{X}-\Delta \leqq \mu \leqq \bar{X}+\Delta$	$0.895 \leqq \mu \leqq 1.081$

ハイレベル補足説明 2.1

$\dfrac{\bar{X}-\mu}{\sqrt{s^2/n}}$ と，$\dfrac{X-\mu}{\sqrt{s^2}}$ の違いは？

$\bar{X}$ の標準偏差は $\sqrt{s^2/n}$ になる（II編**ハイレベル補足説明 1.2** 参照）。このと

$$\frac{確率変数 - その平均}{その標準偏差} = \frac{\overline{X} - \mu}{\sqrt{s^2/n}}$$

となる。

2.1.3 母平均の区間推定における自由度の考え方

例2.1のように，標本数は5である。それにもかかわらず，つぎのように t 分布の**自由度**（degree of freedom, DOF）を $n - 1 = 5 - 1 = 4$ としたのはなぜだろうか？

不偏分散 s^2 は，各標本から平均を差し引いた残差の2乗和から計算したものである。この平均は，やはり各標本から求めたものであることから，真の平均との残差より小さくなる。この減少分を考察する。残差2乗和を $n - 1$ で除することにより，不偏推定量である不偏分散が得られたことを思い出そう。t 分布の自由度とは，分母に用いる確率変数（標準正規分布を呈する）の個数であった。しかし，**例2.1**のようにもとの標本数は5であっても，残差2乗和の大きさは，実質的には $n - 1 = 5 - 1 = 4$ しかないのであるから，自由度を $n - 1$ とするのが妥当と理解できるであろう。再度，まとめると，**n 個の標本の平均の信頼区間を求めるには，自由度 $n - 1$ の t 分布を用いる。**

問2.1

標本の重量が 18.7, 18.7, 19.0, 19.0, 19.0, 19.0, 19.1, 19.3, 19.3, 19.3, 19.3, 19.3 のように測定された。母平均の 99% 信頼限界を求めよ。

問2.2

5日間で作られたボールの標本が 200 個ある。直径の平均が 15.51 cm，標準偏差が 0.41 cm であった。この 200 個について，母平均の 95% 信頼限界を求めよ。

2.2 母分散の区間推定

母分散の区間推定（interval estimation of population variance）は，つぎ

の定理が基礎となる。

> **公式**
>
> 正規分布 $N(\mu, \sigma^2)$ に従う母集団から任意に抽出された標本 X_i を用いて定められる確率変数
> $$Y = \frac{(n-1)s^2}{\sigma^2}$$
> は，自由度 $n-1$ のカイ 2 乗分布（χ^2 分布）に従う。ただし
> $$s^2 = \frac{\sum_{i=1}^{n}(X_i - \overline{X})^2}{n-1}$$
> である。

> **ワンポイント** なぜ，$(n-1)s^2/\sigma^2$ は自由度 $n-1$ の χ^2 分布に従うのか？
>
> $$\frac{(n-1)s^2}{\sigma^2} = \frac{n-1}{\sigma^2} \cdot \frac{\sum_{i=1}^{n}(X_i - \overline{X})^2}{n-1} = \sum_{i=1}^{n}\left(\frac{X_i - \overline{X}}{\sigma}\right)^2$$
>
> まず，X_i は確率変数であるが，σ は確率変数ではなく定数である。さて，$\sum_{i=1}^{n}(X_i - \overline{X}) = 0$ なので，例えば $(X_i - \overline{X})$ から $(X_{n-1} - \overline{X})$ までの $n-1$ 個から残りの 1 個 $(X_n - \overline{X})$ も決まる。よって，$\sum_{i=1}^{n}((X_i - \overline{X})/\sigma)^2$ は，実質的には $n-1$ 個の確率変数から構成されていると見なすことができ，これはすなわち自由度が $n-1$ であることを意味する。また，$(X_i - \overline{X})/\sigma$ は正規確率変数（正規分布に従う確率変数）であるので，$\sum_{i=1}^{n}((X_i - \overline{X})/\sigma)^2$ は，形式的には正規確率変数の 2 乗の n 個の和に見える。しかし，自由度が $n-1$ であったことを思い出せば，実質的には $n-1$ 個の正規確率変数の 2 乗和であることがわかる。そして，II 編 1.2 節ハイレベル補足説明 1.2 の最後で説明したように，その期待値は $n-1$ である。したがって，$\frac{(n-1)s^2}{\sigma^2}$ は自由度 $n-1$ のカイ 2 乗分布に従うといえる。

上記の公式の利用法について説明する。

χ^2 分布は $0 \sim \infty$ までの値をとる可能性がある。生起する確率はある値でピ

ークとなり，そのピークの左側では原点に近づくほど，右側では大きくなるほど，0に近づいていく。すなわち，下方信頼限界より小さければ，あるいは上方信頼限界より大きければ，「めったに起こらない！」といえるような下方・上方信頼限界を考えることができる。そして，「めったに起こらない！」と断言できる確率を有意水準といい，αで表す。そのαを二つに分け，$\alpha/2$を両すその面積とするように下方・上方信頼限界を決めるのが妥当であろう。

このように定義した自由度が$(n-1)$のχ^2分布の下方信頼限界と上方信頼限界を，それぞれ$\chi_{n-1}^2(\alpha/2)$, $\chi_{n-1}^2(1-\alpha/2)$のように表すと

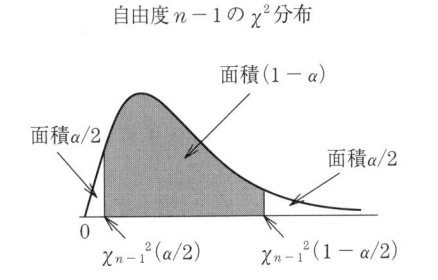

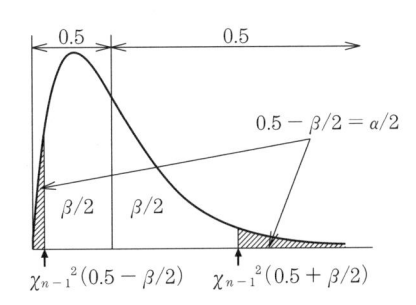

$$P\left\{\chi_{n-1}^2(\alpha/2) \leqq \frac{(n-1)s^2}{\sigma^2} \leqq \chi_{n-1}^2(1-\alpha/2)\right\} = 1-\alpha$$

のように関係づけられる。すなわち

$$\underbrace{\chi_{n-1}^2(\alpha/2)}_{\chi^2\text{の下方信頼限界}} \leqq \frac{(n-1)s^2}{\sigma^2} \leqq \underbrace{\chi_{n-1}^2(1-\alpha/2)}_{\chi^2\text{の上方信頼限界}}$$

となるような，$\chi_{n-1}^2(\alpha/2)$, $\chi_{n-1}^2(1-\alpha/2)$を数表から求めることができる。

この不等式を解いて，母分散σ^2の$100\beta\%$信頼区間は，つぎのように与えられる。

公式

$$\frac{(n-1)s^2}{\chi_{n-1}^2(1-\alpha/2)} \leqq \sigma^2 \leqq \frac{(n-1)s^2}{\chi_{n-1}^2(\alpha/2)}$$

例 2.3

ある被験者の反応時間が0.98, 1.01, 0.95, 1.10, 0.90秒のような測定結

果であった。このときの母分散の95%信頼限界を求めよ。

解 信頼係数 $\beta = 0.95$, 有意水準 $\alpha = 1 - 0.95 = 0.05$, $\alpha/2 = 0.05/2 = 0.025$, $1 - \alpha/2 = 1 - 0.025 = 0.975$, 自由度 $n - 1 = 5 - 1 = 4$ である。

したがって, χ^2 の信頼区間は, つぎのように与えられる（I編**4.4**節参照）。

$$\chi_4^2(0.025) \leq \frac{(n-1)s^2}{\sigma^2} \leq \chi_4^2(0.975)$$

ここで, $s^2 = 0.00557$, $\chi_4^2(0.025) = 0.484$, $\chi_4^2(0.975) = 11.1$ を用いると

$$0.484 \leq \frac{4 \times 0.00557}{\sigma^2} \leq 11.1$$

この式から, σ^2 を解くと

$$\frac{4 \times 0.00557}{11.1} \leq \sigma^2 \leq \frac{4 \times 0.00557}{0.484}$$

よって, σ^2 の95%信頼区間は, $0.0020 \leq \sigma^2 \leq 0.0460$ となる。また, 値 0.0020 と 0.0460 は, σ^2 の95%信頼限界である。

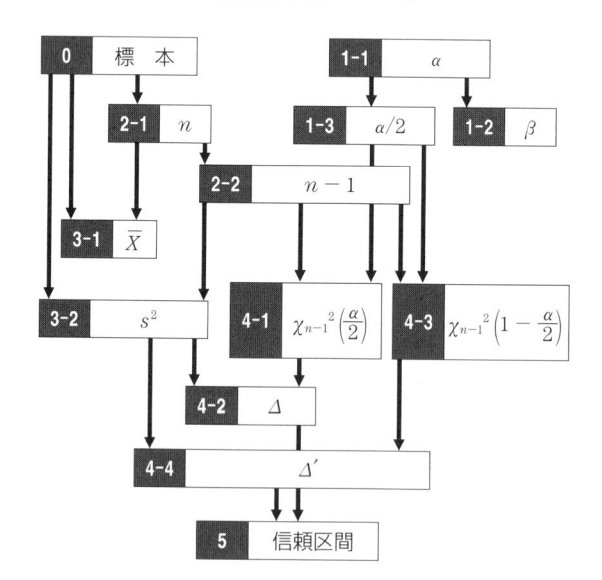

2. 区間推定

手順	項目	記号	求め方	数値
0	標本を書き出す	$X_1, X_2, \cdots, X_n$		0.98, 1.01, 0.95, 1.10, 0.90
1-1	有意水準	α	適切に定める	0.05
1-2	信頼係数	β	$= 1 - \alpha$	0.95
1-3			$= \alpha/2$	0.025
2-1	標本数	n	標本に従って求められる	5
2-2	自由度		$= n - 1$	4
3-1	標本平均	$\bar{X}$	$= \dfrac{1}{n}\sum_{i=1}^{n} X_i$	0.988
3-2	標本分散	s^2	$= \dfrac{1}{n-1}\sum_{i=1}^{n}(X_i - \bar{X})^2$	0.00557
4-1	自由度が $n-1$, 分布関数の値が $\alpha/2$ となる χ^2 値	$\chi_{n-1}^{2}\left(\dfrac{\alpha}{2}\right)$	χ^2 分布の数表から求める	0.484
4-2		$\varDelta$	$= \dfrac{(n-1)s^2}{\chi_{n-1}^{2}\left(\dfrac{\alpha}{2}\right)}$	0.0460
4-3	自由度が $n-1$, 分布関数の値が $1-\alpha/2$ となる χ^2 値	$\chi_{n-1}^{2}\left(1-\dfrac{\alpha}{2}\right)$	χ^2 分布の数表から求める	11.1
4-4		$\varDelta'$	$= \dfrac{(n-1)s^2}{\chi_{n-1}^{2}\left(1-\dfrac{\alpha}{2}\right)}$	0.0020
5	母分散 σ^2 の $100\beta\%$ 信頼区間		$\varDelta' \leq \sigma^2 \leq \varDelta$	$0.0020 \leq \sigma^2 \leq 0.0460$

問 2.3

II編 **2.1.3** 項の**問 2.1** および**問 2.2** において，母分散の 99% 信頼限界を求めよ。ただし，$\chi_{199}^{2}(0.005)$ と $\chi_{199}^{2}(0.995)$ は，それぞれ 151.4 と 254.1 とする。

3章 仮説，検定

3.1 母平均の検定

キューちゃんの質問コーナー

🙂 仮説，検定って？

🙂 証明したいことがあるとするよ。これを仮説というんだ。この仮説を，データ（標本）に基づいて実際に証明することを検定というんだ。

🙂 じゃあ，どうやって検定するの。具体的に教えて？

🙂 例えば，"二組のデータから求めた二つの平均が等しい"という仮説について考えよう。まず，二つの平均が一致しなくて，ズレていたら，仮説を棄却するのは自然だね。

🙂 それはそうね。でも，データはばらつくんだから，一致しないのは当たり前でしょ？

🙂 鋭い！だからそのズレの"度合い"をデータのばらつきの大きさとの対比で評価するんだ。ズレがデータのばらつきより十分に大きいとき，"このズレは異常だ"と判断して，仮説を棄却するんだ。

🙂 なるほど。確かに，データに基づいて仮説を調べるんだから，そうするしかないわね。ということは，データが少ないとばらつきが大きくなるよね。そのときには仮説"二つの平均が等しい"は，本当は誤っていても，逆に生き残りやすいってことになるんじゃない!?

🙂 そうなんだ。本当は，「棄却されなかった＝"仮説が正しいことを証明でき

た！"」ではないんだ。"棄却できなかった"というだけなんだ。だから，仮説が"受理された"といっても，結果だけでなく，データが正確かどうか，注意しなければならないんだ。

正確でないデータで受理されても安心できないんだネ。

逆に，ばらつきがとても小さい，正確なデータで棄却されたときには，厳しい眼で見た結果として棄却されてしまった，という面のあることも頭に入れておいてね。

_/

3.1.1 統計的検定とは？

母平均の検定（test of population mean）を例として，**統計的検定**（statistical test）について説明する。統計的検定は，**有意性検定**（test of significance）ともいう。

① 仮説 $H_0: \mu = 1.112$，および対立仮説 $H_1: \mu \neq 1.112$ を立てる。

例えば，"母平均 $\mu = 1.112$" というように，"何々はこれこれである" と**仮説**（hypothesis）を立てる。これは，棄却されると無に帰する。このことを強調して**帰無仮説**ということもある。

つぎに，その否定として，すなわち "$\mu \neq 1.112$" という**対立仮説**も立てる。なお，H_0 については，統計的分布を明瞭に導くことができ，容易に統計的推論ができるもの，ということから断定的に主張するものが用いられる。

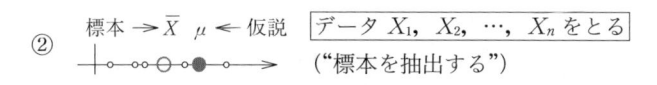

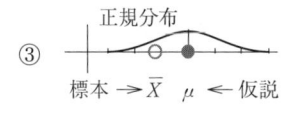

② データ $X_1, X_2, \cdots, X_n$ をとる（"標本を抽出する"）

③ データに基づいて仮説に対する母数の推定量，すなわち標本平均 $\bar{X}$ と標本分散 s^2 を求める。

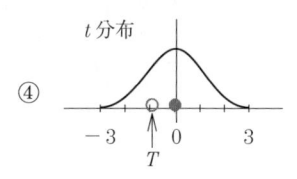

④ 仮説による値 μ と，母数の推定量 $\bar{X}$ と s^2 を用いて，仮説の正しさを測る量（**検定統計量**という），本例では $T = (\bar{X} - \mu)/\sqrt{s^2/n}$ を求める。

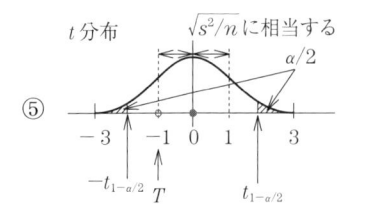

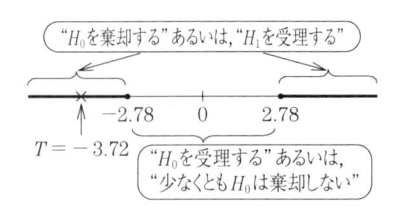

もし，仮説が正しければ，この検定統計量 T は，"自由度 = データ数 -1"の t 分布に従う。このことから以下が導かれる。

- 細線の範囲では，$1-\alpha$ という大きな確率で生起する ⇔ 仮説 H_0 が正しい場合にはよく起こる ⇔ 仮説 H_0 は正しい確率が高い ⇔ H_0 は少なくとも棄却できない ⇒ 思い切って"H_0 を受理する"と言ってしまう。
- 太線の範囲では，生起する確率 α は小さい ⇔ 仮説 H_0 が正しい場合に，めったに起こらないことが起こってしまった ⇔ 仮説 H_0 は誤っている確率が高い ⇒ 思い切って，"H_0 を棄却する"と言ってしまう ⇔ "H_1 を受理する"。

> **公式**
>
> 検定統計量 T の値が一定の範囲に入っていれば，すなわち
> $-t_{1-\alpha/2}{}^{n-1} \leqq T \leqq t_{1-\alpha/2}{}^{n-1}$ ⇔ 仮説 H_0 を棄却できない ⇔ 仮説 H_0 を**受理**
> もし，検定統計量 T の値が，一定の範囲に入っていなければ，すなわち
> $T < -t_{1-\alpha/2}{}^{n-1}$, $t_{1-\alpha/2}{}^{n-1} < T$ ⇔ 仮説 H_0 を**棄却**，または仮説 H_1 を**受理**
> なお，この範囲の上限と下限は，**パーセント点**（percent point），**境界値**（class boundary），**臨界値**（critical value）などと呼ばれ，t 分布の数表から求められる。
>
> このように，仮説の右側も（大きくても），左側も（小さくても），いずれであっても"仮説 H_0 は棄却される"。これを**両側検定**という。

> **公式**
>
> **右側検定**の場合には
> $T \leqq t_{1-\alpha}{}^{n-1}$ ⇔ 仮説 H_0 を**受理**
> $t_{1-\alpha}{}^{n-1} < T$ ⇔ 仮説 H_0 を**棄却**，または
>   仮説 H_1 を**受理**
> なお，**左側検定**は，左へのはみ出しを同様に扱うものである。

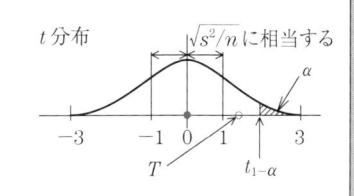

3.1.2 論理学との対比

ここで,論理学を思い出そう。もとの命題が成立するものとしたとき,"逆","対偶","裏"はそれぞれ成立するのだろうか?

もとの命題	犬である	→ （ならば）	動物である
"逆"は必ずしも成立しない。	犬である	←	動物である
"対偶"は成り立つ。	犬でない	←	動物でない
"裏"は必ずしも成立しない。	犬でない	→	動物でない

これらの論理の展開は,以下のように仮説,検定に対応する。

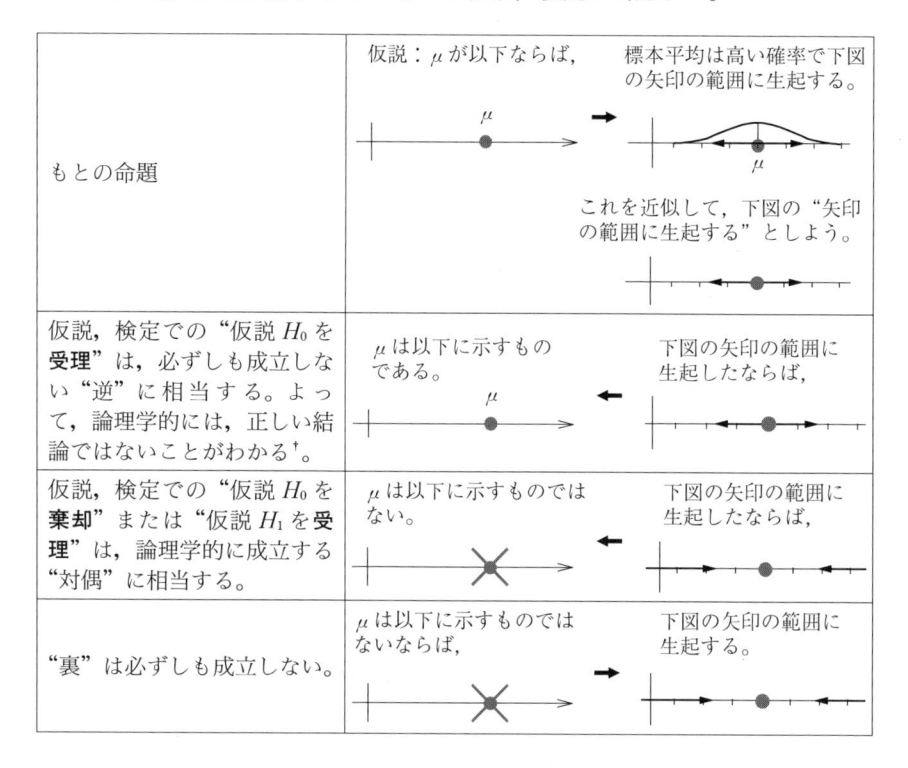

もとの命題	仮説：μ が以下ならば,	標本平均は高い確率で下図の矢印の範囲に生起する。これを近似して,下図の"矢印の範囲に生起する"としよう。
仮説,検定での"仮説 H_0 を受理"は,必ずしも成立しない"逆"に相当する。よって,論理学的には,正しい結論ではないことがわかる†。	μ は以下に示すものである。	下図の矢印の範囲に生起したならば,
仮説,検定での"仮説 H_0 を棄却"または"仮説 H_1 を受理"は,論理学的に成立する"対偶"に相当する。	μ は以下に示すものではない。	下図の矢印の範囲に生起したならば,
"裏"は必ずしも成立しない。	μ は以下に示すものではないならば,	下図の矢印の範囲に生起する。

---

† "逆"に関する補足説明 μ が ─┼─○●─→ のように,●ではなく○であるならば, ─┼─◌●─→ のように破線の矢印の範囲に生起する。この範囲は,●であるとしたときに生起する範囲,すなわち細い実線の矢印の範囲と一部重複している。したがって,実際の推定量 $\overline{X}$ が重複している範囲に生起したとき,"母平均が○である"の可能性もあり,"母平均が●である"と断定できないことは理解できるであろう。

例 3.1

ある研究員によると，人間の反応時間は 1.112 秒であるという。測定値 0.98, 1.01, 0.95, 1.10, 0.90 秒に基づいて，その研究員の言うことは，統計的に受理できるか否かを決定せよ（有意水準 0.05，および 0.01。両側検定）。

解 母平均の検定を行う。

仮説 $H_0 : \mu = 1.112$。対立仮説 $H_1 : \mu \neq 1.112$。有意水準 $\alpha = 0.05$, 0.01, 標本数 $n = 5$, 標本平均 $\bar{X} = 0.988$, 標本分散 $s^2 = 0.00557$。このとき，検定統計量 T は

$$T = \frac{\bar{X} - \mu}{\sqrt{s^2/n}} = \frac{0.988 - 1.112}{\sqrt{0.00557/5}} = -3.72$$

となる。また，T は自由度 $n - 1$ の t 分布に従って分布する（I編 **4.5** 節参照）。

以上の準備のもとで両側検定を行うので，有意水準 $\alpha = 0.05$ での t のパーセント点は

$$t_{1-\alpha/2}{}^{n-1} = t_{1-0.05/2}{}^{5-1} = t_{0.975}{}^{4} = 2.78$$

となる。$T = -3.72$ を，$t_{0.975}{}^{4} = 2.78$ と $-t_{0.975}{}^{4} = -2.78$ と比較すると，$T < -t_{0.975}{}^{4}$，または $t_{0.975}{}^{4} < T$ を満たすので，有意水準 0.05 で仮説 H_0 は**棄却**される。また，$\alpha = 0.01$ では

$$t_{1-0.01/2}{}^{5-1} = t_{0.995}{}^{4} = 4.60$$

となる。ここで，$T = -3.72$ を，$t_{0.995}{}^{4} = 4.60$ と $-t_{0.995}{}^{4} = -4.60$ と比較すると，$-t_{0.975}{}^{4} \leqq T \leqq t_{0.995}{}^{4}$ を満たすので，有意水準 0.01 で仮説 H_0 は**受理**される。

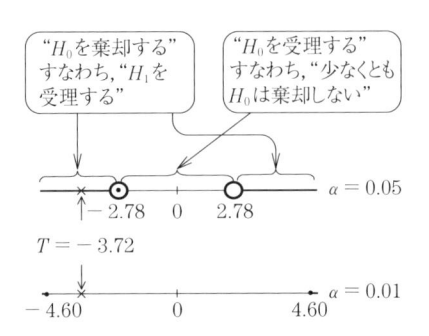

3. 仮　説，検　定

補足説明 3.1

🧒 パーセント点について，まとめて説明して！

ともに両側 10％点と呼ぶ

下側 5％点　　　　　　　　　　　　　　　上側 5％点

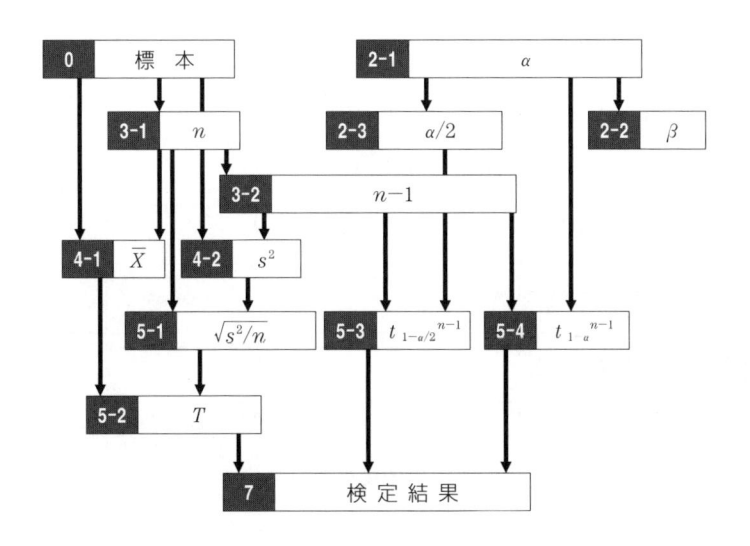

- **0** 標本
- **3-1** n
- **3-2** $n-1$
- **2-1** α
- **2-3** $\alpha/2$
- **2-2** β
- **4-1** $\overline{X}$
- **4-2** s^2
- **5-1** $\sqrt{s^2/n}$
- **5-3** $t_{1-\alpha/2}^{n-1}$
- **5-4** $t_{1-\alpha}^{n-1}$
- **5-2** T
- **7** 検定結果

II. 統　　　　　計

手順	項　目	記　号	求　め　方	数　値
0	標本を書き出す	$X_1, X_2, \cdots, X_n$		0.98, 1.01, 0.95, 1.10, 0.90
1-1	仮説を立てる　　仮説	H_0	$\mu =$ "ある値" の形で適切に定める	$\mu = 1.112$
1-2	対立仮説	H_1	$\mu \neq$ "ある値" の形で適切に定める	$\mu \neq 1.112$
2-1	有意水準	α	適切に定める	0.05
2-2	信頼係数	β	$= 1 - \alpha$	0.95
2-3			$= \alpha/2$（両側検定のときに使う）	0.025
3-1	標本数	n	標本に従って求められる	5
3-2	自由度		$n - 1$	4
4-1	標本平均	$\overline{X}$	$= \dfrac{1}{n} \sum\limits_{i=1}^{n} X_i$	0.988
4-2	標本分散	s^2	$= \dfrac{1}{n-1} \sum\limits_{i=1}^{n} (X_i - \overline{X})^2$	0.005 57
5-1	$\overline{X}$ の標本標準偏差		$= \sqrt{s^2/n}$	0.033 4
5-2	検定統計量	T	$= \dfrac{\overline{X} - \mu}{\sqrt{s^2/n}}$	-3.72
5-3	① 自由度が $n-1$, 分布関数の値が $1 - \alpha/2$ となる t 値	$t_{1-\alpha/2}^{n-1}$	t 分布の数表から求める	2.78
5-4	②,③ 自由度が $n-1$, 分布関数の値が $1 - \alpha$ となる t 値	$t_{1-\alpha}^{n-1}$	t 分布の数表から求める	
6-1	棄却域　　① 両側検定		$-t_{1-\alpha/2}^{n-1}$　　0　　$t_{1-\alpha/2}^{n-1}$	
6-2	② 左側検定		$-t_{1-\alpha}^{n-1}$　　0	
6-3	③ 右側検定		0　　$t_{1-\alpha}^{n-1}$	
7	検定結果		仮説 H_0 を受理する。または H_0 を棄却する（対立仮説 H_1 を受理する）	仮説 H_0 は棄却される

例 3.2

われわれは，ときに，平均に対して片側の方向で極端にはずれた値，つま

り，分布の片すそに相当する値であるか否かについて，関心をもつ場合がある．例えば，ある値が，そのほかの値よりも勝っているという仮説を検定したい場合があるだろう（劣っていることは問題ではない，あるいは劣っていることはあり得ない，という場合である）．このような検定は**片すそ検定**もしくは**片側検定**と呼ばれる．このような場合には，有意水準と等しい面積をもつ，分布の片側の領域が**棄却領域**となる．

有意水準 0.01 として**例3.1**を片側検定で検定してみる．片側検定の場合，有意水準 0.01 での t のパーセント点は $t_{1-\alpha}{}^{n-1} = t_{1-0.01}{}^{5-1} = t_{0.99}{}^{4} = 3.75$ となる．$t_{0.99}{}^{4}$ が 3.75 であるから，これと今回の標本の $T = -3.72$ を比較した結果，$-t_{0.99}{}^{4} \leqq T$ を満たすことから，有意水準 0.01 で仮説 H_0 が受理される．

例3.3

ある検定試験に対する花子の平均学力（得点力）は 358 点であるという．今年の 5 回の試験の得点は，328，372，314，325，351 点であった．花子の学力は 358 点より下がったのだろうか？　有意水準を 0.05 として考えよ．

解　これは，彼女の平均学力（得点力）μ と 358 点との比較の問題である．この場合，彼女の学力が 358 点と"同じであるか"，358 点と"異なっているか"を検定するのではない．彼女の学力が 358 点から"下がっているか否か"を検定したい．このような場合に，片側検定を用いる．すなわち

仮説 $H_0 : \mu = 358\ (=m)$

対立仮説 $H_1 : \mu < 358$

の片側検定（左側検定）である．さて，有意水準：$\alpha = 0.05$, 標本数：$n = 5$, 標本平均：$\bar{X} = 338.0$, 標本分散：$s^2 = 542.5$, このとき，検定統計量 T は

$$T = \frac{338 - 358}{\sqrt{542.5/5}} = -1.92$$

となる．一方，t の信頼限界は，$t_{0.95}{}^{4} = 2.13$ となる．T の -1.92 を $-t_{0.95}{}^{4}$

の -2.13 と比較すると，それより大きいので，有意水準 0.05 で（図参照），仮説 H_0 を受理する．すなわち，有意水準 0.05 で，花子の学力が 358 点から下がっていることを否定することはできない．

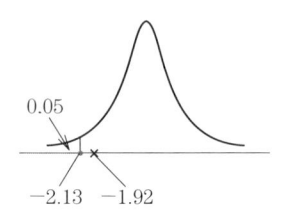

補足説明 3.2

彼女の平均点が 365 点で，仮説の平均 358 点より大きい場合には，どうなるの？（読み飛ばしてもいいよ）

標本平均が仮説よりも大きくなってしまっているような場合には，"仮説 $H_0 : \mu = 358 \ (= m)$" を否定することはあり得ない．したがって，結果が見えているという意味で，"仮説 $H_0 : \mu = 358 \ (= m)$" と "対立仮説 $H_1 : \mu < 358 \ (= m)$" とで片側検定をすることも意味がない．両側検定を用いれば，調べてみなければわからないという意味で，検定の意義は出てくるが…．

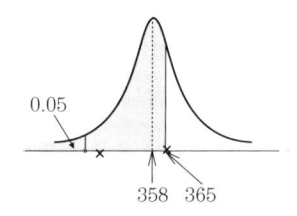

問 3.1

ある会社によると，ミルクのびんの質量は $200 \mathrm{g}$ であるという．$190, 193, 195, 195, 200, 203$ の六つの標本に基づき，会社の主張が正しいか否かを以下の(1), (2)について判定せよ．ただし，T 値が正のときには右側検定，負のときには左側検定とせよ．

（1） $\alpha = 0.05$ の両側検定

（2） $\alpha = 0.05$ の片側検定

3.2 母平均の差の検定

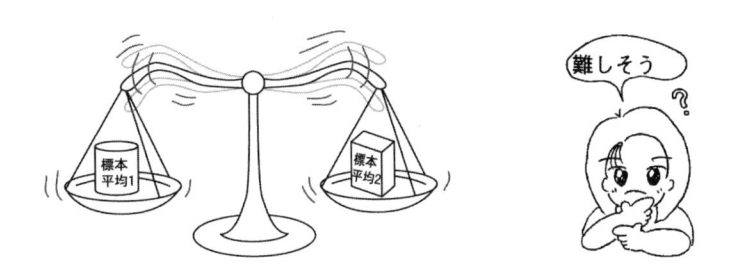

キューちゃんの質問コーナー

- 母平均の差の検定って？

- 二つのグループからのデータ（標本），具体的には，標本平均や標本分散から，それら二つのグループの母平均に違いがあるかないかを調べる話なんだ。

- どっちだと嬉しいの？

- 例えば，薬の開発など，何か効果が出るように工夫したものでは，違いが出たほうが嬉しいよね。でも，工場で生産された製品の性能なら，つねに違いがないほうが嬉しいよ。

- "ケースバイケース"ってことネ。ここでも受理とか棄却とかっていう結論を鵜呑みにしちゃ，いけないんでしょ？

- そうだよ。例えば，違いがあると嬉しい場合だと，データをたくさん採れば採るほど正確になって，標本平均そのものにはわずかな違いしかなくても，"違いあり"ってことになりやすいんだ。
  では，問題！
  違いがないと嬉しい場合だと，どうなるか考えてみて。

- うーん。データが少ないと，不確かになって，…。その結果，本当は違っていても，棄てられにくくなるわね！ぬか喜びしないようにするわ。

- 二つのグループの標本平均が違っているというだけで，検定もしないで"二つのグループは違う"とは言わないと思うけど，検定しても短絡的に考えないで！有意であってもわずかだったり，有意でなくてもデータが不十分だったりするかもしれないんだ。

二つのグループの学生にある試験を行った。標本，すなわち両グループの成績はつぎの表のとおりである。両グループの違いが有意かどうか考えよう。

グループ1 (G_1)	60, 80, 80, 80, 90
グループ2 (G_2)	10, 20, 20, 50, 50, 60, 60, 80, 100

グループ1は平均が80程度，グループ2は平均が50程度のように見える。両者を比較すれば，"グループ1のほうがグループ2よりも大きい"といえる気がする。確かに平均は違っている。しかし，違っているといっても，これらの値は平均の近くに安定して生起しているわけではなく，非常に大きな広がりをもって生起していることに注意しよう。それに加えて，標本数もわずかである。

このように考えると，先の結論も心もとなくなってくる。このような問題を統計的にきちんと考えるのが，二つのグループの**母平均の差の検定**（test involving difference of means）である。

仮説 $H_0: \mu_1 = \mu_2$，二つの（母集団の）母平均のあいだには，差はない[†]。

対立仮説 $H_1: \mu_1 \neq \mu_2$，母平均のあいだには，差がある。

グループ1 (G_1)	$n_1 = 5$	$\bar{X_1} = 78$	$s_1^2 = 120$
グループ2 (G_2)	$n_2 = 9$	$\bar{X_2} = 50$	$s_2^2 = 875$

ここで，まず，$\bar{X_1} - \bar{X_2}$ の平均，つまり期待値（無限個求めた，$\bar{X_1} - \bar{X_2}$ の平均）について考えてみよう。

$$E[\bar{X_1} - \bar{X_2}] = E[\bar{X_1}] - E[\bar{X_2}] = \mu_1 - \mu_2 = 0$$

したがって，$\bar{X_1} - \bar{X_2}$ は平均を0とする正規分布に従う（本項で後述するワンポイント参照）。さらに，正規分布に従う $\bar{X_1} - \bar{X_2}$ を，その標本標準偏差 $s_{\bar{X}-\bar{Y}}$（本項で後述する**ハイレベル補足説明3.4**参照）で除した値

[†] ここでの仮説も統計的に確定的な形であることに注意せよ。確定的だからこそ，それに基づいて生起する確率的なことを予測できる。

3. 仮説，検定

> **公 式**
>
> $$T = \frac{\overline{X}_1 - \overline{X}_2}{\sqrt{\left(\dfrac{1}{n_1} + \dfrac{1}{n_2}\right)s^2}}$$
>
> ただし
>
> $$s^2 = \frac{(n_1 - 1)s_1^2 + (n_2 - 1)s_2^2}{n_1 + n_2 - 2}$$
>
> は t 分布に従う．これは，実際に生起した値，$\overline{X}_1 - \overline{X}_2$ の頻度の少なさを測る検定統計量であり，両側検定の場合には
>
> $-t_{1-\alpha/2}{}^{n_1+n_2-2} \leqq T \leqq t_{1-\alpha/2}{}^{n_1+n_2-2}$ ⇔ 仮説 H_0 を**受理**
>
> $T < -t_{1-\alpha/2}{}^{n_1+n_2-2},\ t_{1-\alpha/2}{}^{n_1+n_2-2} < T$ ⇔ 仮説 H_0 を**棄却**，または仮説 H_1 を**受理**
>
> また，右側検定の場合には
>
> $T \leqq t_{1-\alpha/2}{}^{n_1+n_2-2}$ ⇔ 仮説 H_0 を**受理**
>
> $t_{1-\alpha/2}{}^{n_1+n_2-2} < T$ ⇔ 仮説 H_0 を**棄却**，または仮説 H_1 を**受理**

では，上記の例で T を調べてみよう．

$$s^2 = \frac{(n_1 - 1)s_1^2 + (n_2 - 1)s_2^2}{n_1 + n_2 - 2} = \frac{(5 - 1) \times 120 + (9 - 1) \times 875}{5 + 9 - 2}$$

$$= 623.3$$

なので（II編**ハイレベル補足説明 3.3** 参照）

$$T = \frac{\overline{X}_1 - \overline{X}_2}{\sqrt{\left(\dfrac{1}{n_1} + \dfrac{1}{n_2}\right)s^2}} = \frac{78 - 50}{\sqrt{\left(\dfrac{1}{5} + \dfrac{1}{9}\right)623.3}} = 2.01$$

となる．もし，両側検定ならば有意水準 0.05 での t のパーセント点は

$$t_{1-\alpha/2}{}^{n_1+n_2-2} = t_{1-0.05/2}{}^{5+9-2} = t_{0.975}{}^{12} = 2.18$$

となる．よって，$-t_{0.975}{}^{12} \leqq T \leqq t_{0.975}{}^{12}$ を満たすので，有意水準 0.05 で仮説 H_0，すなわち"母平均のあいだに差はない"が受理される．

130 II. 統　　　　計

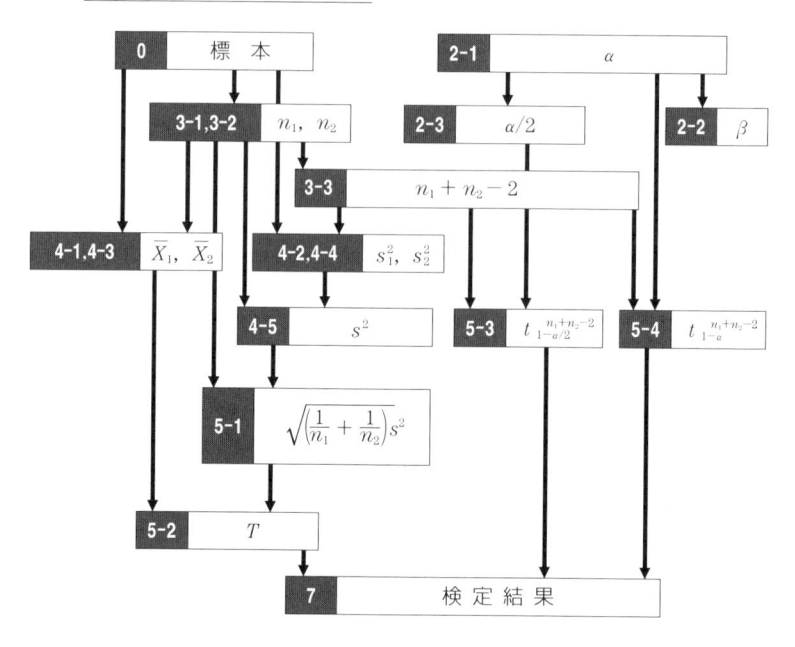

```
        ┌─0─┐ 標　本                          ┌2-1┐           α
            │                                     │
            ▼                                     ▼
        ┌3-1,3-2┐ n₁, n₂          ┌2-3┐ α/2         ┌2-2┐ β
            │                        │
            ▼                        ▼
                      ┌3-3┐ n₁+n₂−2
            ▼            │
  ┌4-1,4-3┐ X̄₁, X̄₂   ┌4-2,4-4┐ s₁², s₂²
            │
            ▼
         ┌4-5┐ s²                ┌5-3┐ t^{n₁+n₂−2}_{1−α/2}   ┌5-4┐ t^{n₁+n₂−2}_{1−α}
            │
            ▼
         ┌5-1┐ √((1/n₁ + 1/n₂)s²)
            │
            ▼
         ┌5-2┐ T
            │
            ▼
         ┌ 7 ┐ 検 定 結 果
```

手順	項　目		記 号	求 め 方	数 値
0	標本を書き出す		$X_{11}, X_{12},$ $\cdots, X_{1n1},$ $X_{21}, X_{22},$ $\cdots X_{2n2}$		60, 80, 80, 80, 90, 10, 20, 20, 50, ...
1-1	仮説を立てる	仮説	H_0	$\mu_1 = \mu_2$	$\mu_1 = \mu_2$
1-2		対立仮説	H_1	$\mu_1 \neq \mu_2$	$\mu_1 \neq \mu_2$
2-1	有意水準		α	適切に定める	0.05
2-2	信頼係数		β	$= 1 - \alpha$	0.95
2-3				$= \alpha/2$（両側検定のときに使う）	0.025
3-1	母集団1　標本数		n_1	標本に従って求められる	5
3-2	母集団2　標本数		n_2	標本に従って求められる	9
3-3	自由度			$n_1 + n_2 - 2$	12
4-1	母集団1　標本平均		$\overline{X}_1$	$= \dfrac{1}{n_1} \sum_{i=1}^{n} X_{1,i}$	78
4-2	標本分散		s_1^2	$= \dfrac{1}{n_1 - 1} \sum_{i=1}^{n} (X_{1,i} - \overline{X}_1)^2$	120
4-3	母集団2　標本平均		$\overline{X}_2$	$= \dfrac{1}{n_2} \sum_{i=1}^{n} X_{2,i}$	50

3. 仮説，検定

(つづき)

手順	項目	記号	求め方	数値
4-4	標本分散	s_2^2	$= \dfrac{1}{n_2 - 1} \sum_{i=1}^{n} (X_{2,i} - \overline{X}_2)^2$	875
4-5		s^2	$= \dfrac{(n_1 - 1)s_1^2 + (n_2 - 1)s_2^2}{n_1 + n_2 - 2}$	623.3
5-1	$\overline{X}_1 - \overline{X}_2$ の標本標準偏差		$= \sqrt{\left(\dfrac{1}{n_1} + \dfrac{1}{n_2}\right)s^2}$	13.9
5-2	統計検定量	T	$= \dfrac{\overline{X}_1 - \overline{X}_2}{\sqrt{\left(\dfrac{1}{n_1} + \dfrac{1}{n_2}\right)s^2}}$	2.01
5-3	① 自由度が $n_1 + n_2 - 2$，分布関数の値が $1 - a/2$ となる t 値	$t_{1-a/2}^{n_1+n_2-2}$	t 分布の数表から求める	2.18
5-4	②，③ 自由度が $n_1 + n_2 - 2$，分布関数の値が $1 - a$ となる t 値	$t_{1-a}^{n_1+n_2-2}$	t 分布の数表から求める	
6-1	棄却域 ① 両側検定		$-t_{1-a/2}^{n_1+n_2-2}$ 〜 0 〜 × $t_{1-a/2}^{n_1+n_2-2}$	
6-2	② 左側検定		$-t_{1-a}^{n_1+n_2-2}$ 〜 0	
6-3	③ 右側検定		0 〜 $t_{1-a}^{n_1+n_2-2}$	
7	検定結果		仮説 H_0 を受理する。または H_0 を棄却する（対立仮説 H_1 を受理する）	仮説 H_0 を受理する

ハイレベル補足説明 3.3

二つの組の標本の分散は？

グループ 1，2 のもとになる母集団を想定し，その母集団の標本分散 s^2 を求めよう。グループ G_1 と G_2 の残差 2 乗和は次式で与えられる。

(G_1 の残差 2 乗和) = (G_1 の標本分散，s_1^2) × $(n_1 - 1)$

(G_2 の残差 2 乗和) = (G_2 の標本分散，s_2^2) × $(n_2 - 1)$

さて，標本数は $n_1 + n_2$ であるが，この標本から平均を 2 個求めて，これを残差 2 乗和の計算に使ったので，自由度が $n_1 + n_2 - 2$ となることに注意すると

(全体の標本分散，s^2) = (全体の残差 2 乗和)/$(n_1 + n_2 - 2)$

= (G_1 の残差 2 乗和 + G_2 の残差 2 乗和)/$(n_1 + n_2 - 2)$

$$= \{s_1{}^2(n_1-1) + s_2{}^2(n_2-1)\}/(n_1+n_2-2)$$

ハイレベル補足説明 3.4

平均値の差の分散は？

$\bar{X}_1$ の分散は $s_1{}^2/n_1$ である．$\bar{X}_2$ の標本分散は $s_2{}^2/n_2$ である．したがって，$\bar{X}_1 - \bar{X}_2$ の標本分散は $s_1{}^2/n_1 + s_2{}^2/n_2$ となる（I編 **3.4** 節の $\sigma_{aX+bY+c}{}^2$ において，$X = \bar{X}_1$，$Y = \bar{X}_2$，$a=1$，$b=-1$，$c=0$ とすれば，$\sigma_{\bar{X}-\bar{Y}}{}^2 = \sigma_{\bar{X}}{}^2 + \sigma_{\bar{Y}}{}^2$ が得られる．ただし，$\bar{X}_1$ と $\bar{X}_2$ が無相関で，$\tau_{\bar{X}_1,\bar{X}_2}=0$ に注意）．

ここで，グループ1，2のすべての標本が同じ母集団からの標本であるとすれば，$s_1{}^2$ や $s_2{}^2$ を用いる代わりに，その同じ母集団の標本分散 s^2 を用いることができ，$\bar{X}_1 - \bar{X}_2$ の標本分散 $s_{\bar{X}-\bar{Y}}{}^2$ は，次式となる．

$$s_{\bar{X}-\bar{Y}}{}^2 = \frac{s_1{}^2}{n_1} + \frac{s_2{}^2}{n_2} = \frac{s^2}{n_1} + \frac{s^2}{n_2} = s^2\left(\frac{1}{n_1} + \frac{1}{n_2}\right)$$

問 3.2

つぎの表は，40人のクラス1と30人のクラス2における体重の頻度の分布である．

	48～52	53～57	58～62	63～67	68～72
クラス1	0	4	20	12	4
クラス2	4	6	12	8	0

二つのクラスの違いが有意であるか否かを，(1) 両側検定，(2) 片側検定，それぞれの場合について判定せよ．有意水準は 0.01 とし，$t_{0.995}{}^{68}=2.65$，$t_{0.99}{}^{68}=2.38$ とする．ただし，T 値が正のときには右側検定，負のときには左側検定とせよ．

ワンポイント　二つの正規分布の線形結合はどんな分布？

X，Y が，たがいに独立で，それぞれ $N(\mu_1, \sigma_1{}^2)$，$N(\mu_2, \sigma_2{}^2)$ なる正規分布に従うものとする．このとき，X と Y，二つの正規分布の線形結合 $aX + bY$ は，$N(a\mu_1 + b\mu_2, a^2\sigma_1{}^2 + b^2\sigma_2{}^2)$ なる正規分布に従う．

3.3 分散の比の検定

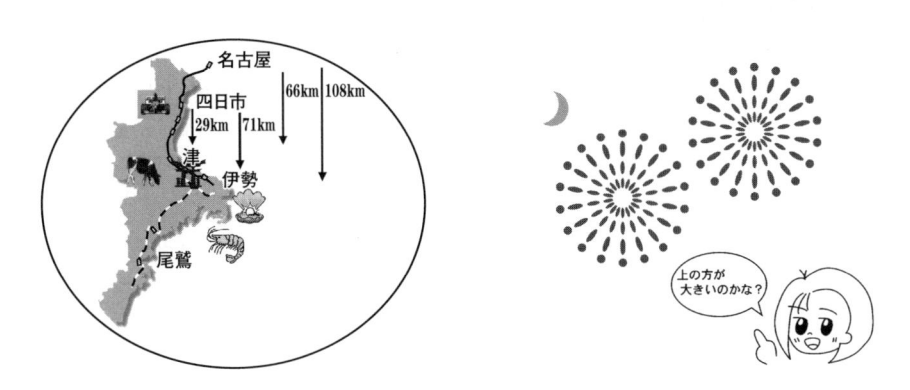

キューちゃんの質問コーナー

🙂 分散の比を検定するって？

🧑 二つのグループについて，ばらつきの大きさを比較するときに行うんだ。

🙂 どうして，母平均は"差"だったのに，ばらつきは"差"ではなくて，"比"なの？

🧑 厳しいところを突くネ。平均の場合には原点をどこにとるかによって，その値は変わるね。それと同様な例としては，路線距離がある。
　例えば，起点を名古屋にとると，津までの路線距離は 66 km で，伊勢までは 108 km になる。でも，起点を四日市にとると，津までは 29 km で，伊勢までは 71 km だ。このように起点のとり方によって変わるね。ここで，津と伊勢の"位置"の違いに関心があるときには，名古屋との路線距離の差を計算するだろう。もし，名古屋起点の路線距離を使うと，108 − 66 = 42 km と計算するだろう。母平均の差の検定はこれに相当するんだ。
　一方，"距離"そのものの違いが気になるなら，同じ 1 km の差でも 100 km に対してはわずかな違いだが，2 km に対しては大きな違いだ。したがって，距離の差を調べるのではなく，比をとるだろう。つまり，名古屋から津や伊勢までの距離の比 108/66 = 1.64 を計算して，伊勢は津より 64% 遠いと考えるだろう。
　このような意味で，距離には"絶対値としての価値がある"といえる。分散も距離と同じく，絶対値としての価値がある。だから，"比"を使うんだ！

🙂 なるほど。やはり，ここでも，結果を鵜呑みにしてはいけない話がありそう

ネ。データ（標本）数が多いと，標本分散のばらつきは小さくなって，二つの標本分散の比のばらつきも小さくなる。ということは"違いあり"って結果が出やすいのね。

お見事！"違いあり"という結果は非常事態だ。"危ない"っていうデータがたくさんあれば，非常事態宣言を出しやすいよね。一方，"違いなし"は結論の先送りみたいなところがあるんだよ。でも，十分なデータがあって，なおかつ"違いなし"であれば立派だよ。

_/

I編 **4.6** 節の F 分布からの再掲であるが，典型的な応用例で説明する。

学級1からのテストの成績（三つの標本）と学級2からのテストの成績（四つの標本）の分布が

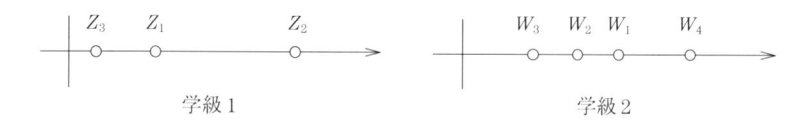

学級1：Z_3, Z_1, Z_2

学級2：W_3, W_2, W_1, W_4

であったとする。これらの標本から，学級1と学級2の分布について，それらの広がりの大きさに有意差があるか否かを判別したい。

すなわち，それぞれの標本から求めた標本分散 $s_z{}^2$, $s_w{}^2$

$$s_z{}^2 = \{(Z_1 - \mu_Z)^2 + (Z_2 - \mu_Z)^2 + (Z_3 - \mu_Z)^2\}/3$$
$$s_w{}^2 = \{(W_1 - \mu_W)^2 + (W_2 - \mu_W)^2 + (W_3 - \mu_W)^2 + (W_4 - \mu_W)^2\}/4$$

のあいだに有意差があるか否かを判別したい，ということである。

もし，Z と W が同じ大きさのばらつきをもっている正規分布（分散が等しく，σ^2 であるということ）であるとすれば，この二つの式の分子に対応する確率変数

$$\{(Z_1 - \mu_Z)^2 + (Z_2 - \mu_Z)^2 + (Z_3 - \mu_Z)^2\}$$

と

$$\{(W_1 - \mu_W)^2 + (W_2 - \mu_W)^2 + (W_3 - \mu_W)^2 + (W_4 - \mu_W)^2\}$$

は，標準正規分布 X_1, X_2, X_3, Y_1, Y_2, Y_3, Y_4 の 2 乗和，すなわち $\{\sigma^2 X_1{}^2 + \sigma^2 X_2{}^2 + \sigma^2 X_3{}^2\}$ および $\{\sigma^2 Y_1{}^2 + \sigma^2 Y_2{}^2 + \sigma^2 Y_3{}^2 + \sigma^2 Y_4{}^2\}$ で表すことができる。

ここで，Z と W のばらつきに有意差があるか否かを判別するのであれば，標本から求めた標本分散の比 $s_z{}^2/s_w{}^2$ の値そのものが，どれくらいばらつくのかを調べればよい。これを**分散の比の検定**（test of ratios of variances）という。当然，$s_z{}^2/s_w{}^2$ が1に近ければ Z と W のばらつきに有意差がないということにな

り，1からはずれるほど有意差があるという推測が成り立つ。

では実際に $s_Z{}^2/s_W{}^2$ の計算を進めよう。

$$\frac{s_Z{}^2}{s_W{}^2} = \frac{\{(Z_1-\mu_Z)^2+(Z_2-\mu_Z)^2+(Z_3-\mu_Z)^2\}/3}{\{(W_1-\mu_W)^2+(W_2-\mu_W)^2+(W_3-\mu_W)^2+(W_4-\mu_W)^2\}/4}$$

$$= \frac{\{\sigma^2 X_1{}^2+\sigma^2 X_2{}^2+\sigma^2 X_3{}^2\}/3}{\{\sigma^2 Y_1{}^2+\sigma^2 Y_2{}^2+\sigma^2 Y_3{}^2+\sigma^2 Y_4{}^2\}/4}$$

$$= \frac{\{X_1{}^2+X_2{}^2+X_3{}^2\}/3}{\{Y_1{}^2+Y_2{}^2+Y_3{}^2+Y_4{}^2\}/4} \Leftrightarrow \frac{V_1/n_1}{V_2/n_2} = F$$

このように，Z と W のばらつきに有意差があるか否かについて，目安を与えてくれるのが F 分布なのである。

これら Z と W をそれぞれ添字1と2で表して公式としてまとめる。

公　式

$F = s_1{}^2/s_2{}^2$ とすると，両側検定の場合には

$F_{\alpha/2}{}^{n_1-1,n_2-1} \leq F \leq F_{1-\alpha/2}{}^{n_1-1,n_2-1}$ ⇔ 仮説 H_0 を**受理**

$F < F_{\alpha/2}{}^{n_1-1,n_2-1}$，$F_{1-\alpha/2}{}^{n_1-1,n_2-1} < F$ ⇔ 仮説 H_0 を**棄却**，または仮説 H_1 を**受理**

例 3.4

標本分散が，それぞれ，$s_1{}^2$ と $s_2{}^2$，サイズが n_1 と n_2 の二つの組の標本がある。分散の観点から，これら二つの組の標本が同じ**正規母集団**†から採取されたものであるか否かを判別したい。例として，II編 **3.2** 節と同じ標本

グループ1	60, 80, 80, 80, 90
グループ2	10, 20, 20, 50, 50, 60, 60, 80, 100

を用いて以下の仮説を検定する。

仮説 H_0：$\sigma_1{}^2 = \sigma_2{}^2$。二つの母分散に有意差はない。

対立仮説 H_1：$\sigma_1{}^2 \neq \sigma_2{}^2$。二つの母分散のあいだに有意差がある。

このとき，仮説 H_0 のもとで，検定統計量 F は

$$F = \frac{s_1{}^2}{s_2{}^2} = \frac{120}{875} = 0.137$$

---

† もし確率変数が正規分布に従って分布するならば，母集団は正規母集団と呼ばれる。

となり，$(n_1 - 1, n_2 - 1) = (5 - 1, 9 - 1) = (4, 8)$ の自由度の F 分布に従って分布する。両側検定を使うと有意水準 $\alpha = 0.1$ での F のパーセント点は

$$F_{1-\alpha/2}{}^{n_1-1, n_2-1} = F_{1-0.1/2}{}^{5-1, 9-1} = F_{0.95}{}^{4,8} = 3.84$$

$$F_{\alpha/2}{}^{n_1-1, n_2-1} = F_{0.1/2}{}^{5-1, 9-1} = F_{0.05}{}^{4,8} = \frac{1}{F_{0.95}{}^{8,4}} = \frac{1}{6.041} = 0.166$$

$F = 0.137$ は，$F_{0.95}{}^{4,8} = 3.84$ と $F_{0.05}{}^{4,8} = 0.166$ の外にはみ出ているので，有意水準 0.1 で仮説 H_0 は棄却される。

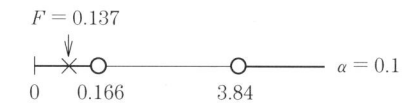

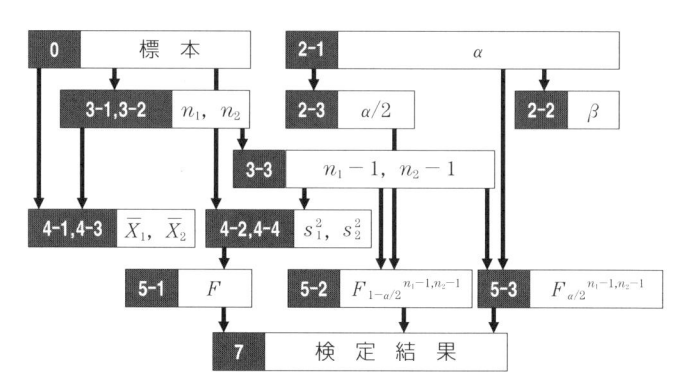

手順	項　目	記　号	求　め　方	数　値
0	標本を書き出す	$X_{11}, X_{12},$ $\cdots, X_{1n_1},$ $X_{21}, X_{22},$ $\cdots, X_{2n_2}$		60, 80, 80, 80, 90, 10, 20, 20, 50, $\cdots$
1-1	仮説を立てる　仮説	H_0	$\sigma_1{}^2 = \sigma_2{}^2$	$\sigma_1{}^2 = \sigma_2{}^2$
1-2	対立仮説	H_1	$\sigma_1{}^2 \neq \sigma_2{}^2$	$\sigma_1{}^2 \neq \sigma_2{}^2$
2-1	有意水準	α	適切に定める	0.1
2-2	信頼係数	β	$= 1 - \alpha$	0.9
2-3			$= \alpha/2$（両側検定のときに使う）	0.05
3-1	母集団 1　標本数	n_1	標本に従って求められる	5
3-2	母集団 2　標本数	n_2	標本に従って求められる	9
3-3	自由度		$n_1 - 1, n_2 - 1$	4, 8

3. 仮説，検定

(つづき)

手順	項目		記号	求め方	数値
4-1	母集団1	標本平均	$\overline{X}_1$	$=\dfrac{1}{n_1}\sum_{i=1}^{n} X_{1,i}$	78
4-2		標本分散	s_1^2	$=\dfrac{1}{n_1-1}\sum_{i=1}^{n}(X_{1,i}-\overline{X}_1)^2$	120
4-3	母集団2	標本平均	$\overline{X}_2$	$=\dfrac{1}{n_2}\sum_{i=1}^{n} X_{2,i}$	50
4-4		標本分散	s_2^2	$=\dfrac{1}{n_2-1}\sum_{i=1}^{n}(X_{2,i}-\overline{X}_2)^2$	875
5-1	統計検定量		F	$=\dfrac{s_1^2}{s_2^2}$	0.137
5-2	自由度が $(n_1-1,\ n_2-1)$，分布関数の値が $1-\alpha/2$ となる F 値		$F_{1-\alpha/2}{}^{n_1-1,n_2-1}$	F 分布の数表から求める	3.84
5-3	自由度が $(n_1-1,\ n_2-1)$，分布関数の値が $\alpha/2$ となる F 値		$F_{\alpha/2}{}^{n_1-1,n_2-1}$	F 分布の数表から求める	0.166
6	棄却域　両側検定			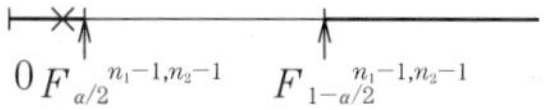 $0\ F_{\alpha/2}{}^{n_1-1,n_2-1}\quad F_{1-\alpha/2}{}^{n_1-1,n_2-1}$	
7	検定結果			仮説 H_0 を受理する。または H_0 を棄却する（対立仮説 H_1 を受理する）	仮説 H_0 を棄却

ワンポイント

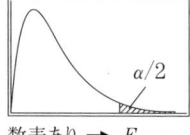

数表あり → $F_{1-\alpha/2}$ から $F_{\alpha/2}$ ← 数表なし を求める

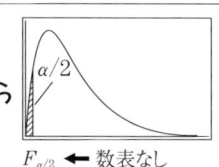

検定統計量，すなわち"自由度 n の項"÷"自由度 m の項"について

$$\boxed{\text{自由度 } n \text{ の項}} \div \boxed{\text{自由度 } m \text{ の項}} \leq \boxed{F_{1-\alpha/2}{}^{n,m}}$$

なる事象の確率が $1-\alpha/2$ である。この余事象に注目すると

$$\boxed{\text{自由度 } n \text{ の項}} \div \boxed{\text{自由度 } m \text{ の項}} \geq \boxed{F_{1-\alpha/2}{}^{n,m}}$$

なる事象の確率が $\alpha/2$ と導かれる。この不等式の両辺について逆数をとると，不等号の向きも入れ替わるので

$$\boxed{\text{自由度 } m \text{ の項}} \div \boxed{\text{自由度 } n \text{ の項}} \leq \boxed{1/F_{1-\alpha/2}{}^{n,m}}$$

なる事象の確率が $\alpha/2$ と導かれる。これは，以下を意味する。

$$F_{\alpha/2}{}^{m,n} = \frac{1}{F_{1-\alpha/2}{}^{n,m}}$$

問 3.3

II 編 **3.2** 節の**問** 3.2 において，クラス 1 と 2 の分散に有意差があるか否かを
(1) 有意水準 0.1 での両側検定
(2) 有意水準 0.05 での片側検定

に基づいて決定せよ．ただし，F 値が 1 以上のときには右側検定，1 以下のときには左側検定とせよ．$F_{0.95}{}^{39,29} = 1.81$，$F_{0.95}{}^{29,39} = 1.76$，$F_{0.9}{}^{29,39} = 1.55$ とする．

3.4 分散分析，1 因子実験

キューちゃんの質問コーナー

🙂 検定の最終コーナー，分散分析．ゴールが見えてきたよ．ラストスパート．頑張って！

🙂 分散分析って？

🙂 例えば，薬を開発したとするよ．その薬という要因が，患者さんの病気の回復に関係するかどうか判定したいよね．そんなことを判定する技術が分散分析なんだ．

🙂 どんなふうにして？

🙂 薬を飲んだ人と飲まない人の回復の程度の違いが，データ（標本）のばらつきに比べて大きいか，小さいかを考えればいいんだ．

👧 薬を飲んだ人と飲まない人の回復の程度の違いも、ばらつきだね。すると、回復のばらつきとデータの誤差のばらつき、二つのばらつきの大きさの比を検定するんだ！

👨 そう。ご名答。もう説明はいらないね。

_/

先生は、三つの異なった授業方法 I, II, III の違いについて検定したいと思っている。これを行うために、4人の学生からなるグループを三つ用意し、それぞれのグループに対して異なった方法で授業を行った†。同一の問題を用いて行った試験の成績は、つぎの表のとおりである。各授業方法間に有意差があるか否か調べよう。

授業方法 \ 学生	A	B	C	D
I	44	76	58	70
II	57	85	61	97
III	66	84	76	90

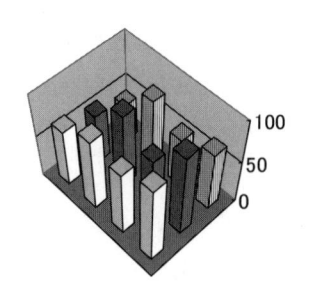

授業方法 I, II, III に違いがあるということは、各授業方法のあいだでばらつきが大きいということである。ばらつきが大きいことに対しては、あまりよいイメージをもっていないが、この場合には、「ばらつきが大きい ⇒ 授業方法 I, II, III に違いがある ⇒ 優れた授業方法がある」ということになり、むしろ喜ばしいことだろう。

さて、かりに、各授業方法のあいだでばらつきが大きいという結果が出たとしても、標本そのものにばらつきが大きい場合には、正確さの観点で意味がない。したがって、標本そのもののばらつきの大きさとの比較、すなわち、行間（異なった授業方法のあいだ）での**変動**（variation）が、もともとの標本のばらつきに対して（統計的に見て）十分に大きいか否かを検定しなければならな

---

† 3グループ × 4人/グループ = 12人ということである。

い。これを**分散分析**（analysis of variance）という。特に，検定する要因，あるいは**因子**が一つの場合には**1因子実験**（one factor experiments）という。では，実際にどうすればよいのだろうか？

II編**3.3**節では，二つの組の標本について，ばらつきの観点から，それらが同じ母集団から採取したものであるかどうかを検定した。本項では，二つの組の標本の一方を"各行間の平均のばらつき"（一種の標本分散であり，**行間平均平方**（between-rows mean square）と呼ぶ）と見て，他方を"各行内の標本のばらつき"（これも一種の標本分散であり，**行内平均平方**（within-rows mean square）と呼ぶ）と見ればよい。

したがって，行間平均平方 S_b^2 については各行の標本平均の全平均との差から求める。自由度は標本平均の個数 $n_{row} - 1$ である。一方，行内平均平方 S_w^2 については各標本の行内平均との差から求める。ただし，各標本の残差2乗和を求めるとき，n_{row} 個の平均を用いているので，自由度は

$$n_{row} n_{column} - n_{row} = n_{row}(n_{column} - 1)$$

であることに注意せよ[†]。では有意水準 0.05 で以下の仮説を検定しよう。

仮説 H_0：“授業方法 I，II，III に有意差がない”

対立仮説 H_1：“授業方法 I，II，III に有意差がある”

（1）　標本全平均を求める。

$$\bar{X} = (44 + 76 + \cdots + 76 + 90)/12 = 72$$

授業方法 \ 学生	A	B	C	D
I	72	72	72	72
II	72	72	72	72
III	72	72	72	72

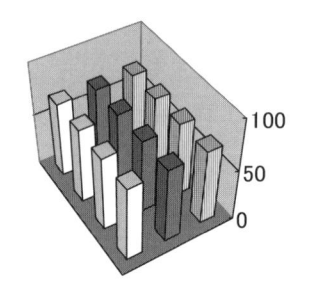

[†] 今回の問題では，各行内の標本数は等しかった。もし，各行の標本数が等しくない場合には，自由度はどのように求められるのであろうか？
行間平均平方の自由度は，(行の数 − 1)，つまり $(n_{row} - 1)$ でよい。
行内平均平方の自由度は，標本の数からこれを求めるために用いた平均の数を差し引けばよい。すなわち，すべての標本の数を n とすると，$(n - n_{row})$ でよい。
なお，row は行を column は列を表す。

3. 仮　説，検　定

(2) 表の**標本行平均**を求める。

$$\overline{X}_{\mathrm{I}} = (44 + 76 + 58 + 70)/4 = 62$$
$$\overline{X}_{\mathrm{II}} = (57 + 85 + 61 + 97)/4 = 75$$
$$\overline{X}_{\mathrm{III}} = (66 + 84 + 76 + 90)/4 = 79$$

授業方法＼学生	A	B	C	D
I	72 − 10 = 62	62	62	62
II	72 + 3 = 75	75	75	75
III	72 + 7 = 79	79	79	79

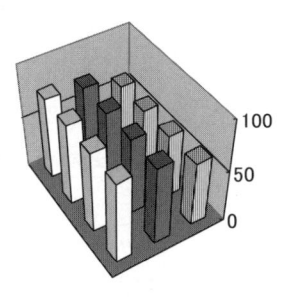

(3) **標本行効果** $\bar{a}_j$ を求める。

すなわち

$$\bar{a}_j = \text{標本行平均}\ \overline{X}_j - \text{標本全平均}\ \overline{X}$$

を計算する。

授業方法＼学生	A	B	C	D
I	$\bar{a}_{\mathrm{I}} = 62 − 72 = −10$	−10	−10	−10
II	$\bar{a}_{\mathrm{II}} = 75 − 72 = 3$	3	3	3
III	$\bar{a}_{\mathrm{III}} = 79 − 72 = 7$	7	7	7

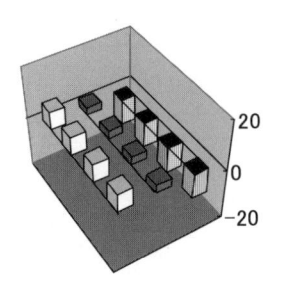

(4) **行間変動** (between-rows variation) v_b を求める。

$$\begin{aligned} v_b &= n_{\mathrm{I}}\bar{a}_{\mathrm{I}}^2 + n_{\mathrm{II}}\bar{a}_{\mathrm{II}}^2 + n_{\mathrm{III}}\bar{a}_{\mathrm{III}}^2 \\ &= n_{\mathrm{I}}(\overline{X}_{\mathrm{I}} - \overline{X})^2 + n_{\mathrm{II}}(\overline{X}_{\mathrm{II}} - \overline{X})^2 + n_{\mathrm{III}}(\overline{X}_{\mathrm{III}} - \overline{X})^2 \\ &= 4 \times (62 − 72)^2 + 4 \times (75 − 72)^2 + 4 \times (79 − 72)^2 = 632 \end{aligned}$$

(5) 各標本 X_{jk} の行内平均 $\overline{X}_j$ との差，$X_{jk} - \overline{X}_j$ を求める。

授業方法＼学生	A	B	C	D
I	44 − 62 = −18	14	−4	8
II	57 − 75 = −18	10	−14	22
III	66 − 79 = −13	5	−3	11

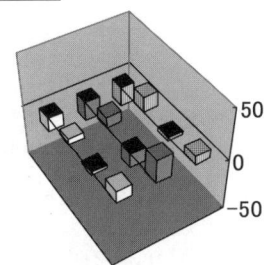

（6） これらの2乗和すなわち 行内変動 （within-row variation） v_w を求める。[†]

$$v_w = (X_{I,A} - \bar{X}_I)^2 + (X_{I,B} - \bar{X}_I)^2 + \cdots + (X_{I,D} - \bar{X}_I)^2 + \cdots$$
$$+ (X_{III,A} - \bar{X}_{III})^2 + (X_{III,B} - \bar{X}_{III})^2 + \cdots + (X_{III,D} - \bar{X}_{III})^2$$
$$= (44 - 62)^2 + (76 - 62)^2 + \cdots + (90 - 79)^2 = 2\,028$$

（7） 行間平均平方 $s_b{}^2$ を求める。

$$s_b{}^2 = \frac{v_b}{n_{row} - 1} = \frac{632}{3 - 1} = 316$$

行内平均平方 $s_w{}^2$ を求める。

$$s_w{}^2 = \frac{v_w}{n_{row}(n_{column} - 1)} = \frac{2\,028}{3 \times (4 - 1)} = 225.3$$

（8） 検定統計量 $F = \dfrac{s_b{}^2}{s_w{}^2}$ を求める。

すなわち

$$F = \frac{s_b{}^2}{s_w{}^2} = \frac{316}{225.3} = 1.40$$

これは，$\{n_{row} - 1,\ n_{row}(n_{column} - 1)\}$ の自由度の F 分布に従って分布する。

（9） 片側検定に基づいて有意水準 0.05 での F のパーセント点を求める。

$$F_{1-\alpha}{}^{n_{row}-1, n_{row}(n_{column}-1)} = F_{0.95}{}^{2,9} = 4.26$$

（10） 検定統計量 F とパーセント点を比較して判定する。

$1.4 \leqq 4.26$ であるから，つまり $F \leqq F_{0.95}{}^{2,9}$ なので，仮説 H_0 は受理される。

これは，すなわち，有意水準 0.05 で，授業方法のあいだには差がないということである。

[†] 行内変動 v_w は，全変動 v と行間変動 v_b から，$v_w = v - v_b$ によっても求められる。
　すなわち，**全変動** （total variation） が
$$v = (\bar{X}_{I,A} - \bar{X})^2 + (\bar{X}_{I,B} - \bar{X})^2 + \cdots + (\bar{X}_{III,D} - \bar{X})^2$$
$$= (44 - 72)^2 + (76 - 72)^2 + \cdots + (90 - 72)^2 = 2\,660$$
　したがって
$$v_w = 2\,660 - 632 = 2\,028$$

3. 仮説，検定　143

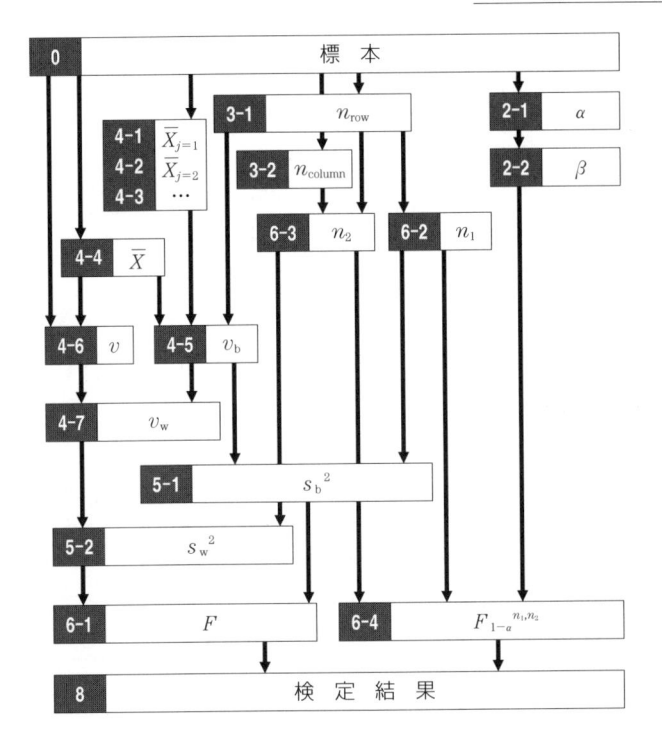

```
[0] ──────────── 標本 ────────────
         │         │         │        │
    ┌────┤    [3-1] n_row    │    [2-1] α
    │    │                   │
 [4-1] X̄_{j=1}  [3-2] n_column │    [2-2] β
 [4-2] X̄_{j=2}          │      │
 [4-3] …            [6-3] n_2  [6-2] n_1
    │
 [4-4] X̄
    │
 [4-6] v   [4-5] v_b
    │
 [4-7] v_w
    │
 [5-1] s_b^2
    │
 [5-2] s_w^2
    │
 [6-1] F           [6-4] F_{1-α}^{n_1,n_2}
    │                    │
    └──── [8] 検定結果 ──┘
```

これでOK！

手順	項目	記号	求め方	数値
0	標本を書き出す	$X_{1,1}, X_{1,2},$ $\cdots, X_{2,1},$ $X_{2,2}, \cdots, X_{j,k}$		44, 76, 58, 70, 57, 85, 61, 97, 66, 84, 76, 90
1-1	仮説を立てる　仮説	H_0	行間に有意差がない	
1-2	対立仮説	H_1	行間に有意差がある	
2-1	有意水準	α	適切に定める	0.05
2-2	信頼係数	β	$=1-\alpha$	0.95
2-3			$\alpha/2$（両側検定のときに使う）	0.025
3-1		n_row	標本に従って求められる	3
3-2		n_column	標本に従って求められる	4
4-1	母集団1 第1行の行平均	$\overline{X}_{j=1}$	$=\dfrac{X_{1,1}+X_{1,2}+\cdots+X_{1,n_\mathrm{column}}}{n_\mathrm{column}}$	62
4-2	母集団2 第2行の行平均	$\overline{X}_{j=2}$	$=\dfrac{X_{2,1}+X_{2,2}+\cdots+X_{2,n_\mathrm{column}}}{n_\mathrm{column}}$	75
4-3	⋮	⋮	⋮	79

(つづき)

手順	項目	記号	求め方	数値
4-4	全平均	$\bar{X}$	$= \dfrac{\bar{X}_{j=1} + \bar{X}_{j=2} + \cdots + \bar{X}_{j=n_{row}}}{n_{row}}$	72
4-5	行間変動	v_b	$= n_{column}\{(\bar{X}_{j=1} - \bar{X})^2 + (\bar{X}_{j=2} - \bar{X})^2 + \cdots + (\bar{X}_{j=n_{row}} - \bar{X})^2\}$	632
4-6	全変動	v	$= (X_{1,1} - \bar{X})^2 + (X_{1,2} - \bar{X})^2 + \cdots + (X_{1,n_{column}})^2$ $+ (X_{2,1} - \bar{X})^2 + (X_{2,2} - \bar{X})^2 + \cdots + (X_{2,n_{column}} - \bar{X})^2$ $\vdots$ $+ (X_{n_{row},1} - \bar{X})^2 + (X_{n_{row},2} - \bar{X})^2 + \cdots + (X_{n_{row},n_{column}} - \bar{X})^2$	2 660
4-7	行内変動	v_w	$= v - v_b$	2 028
5-1	行間平均平方	s_b^2	$= v_b/(n_{row} - 1)$	316
5-2	行内平均平方	s_w^2	$= v_w/\{n_{row}(n_{column} - 1)\}$	225.3
6-1	検定統計量	F	$= \dfrac{s_b^2}{s_w^2}$	1.40
6-2	自由度	n_1	$= n_{row} - 1$	2
6-3	自由度	n_2	$= n_{row}(n_{column} - 1)$	9
6-4	自由度が (n_1, n_2), 分布関数の値が $1 - \alpha$ となる F 値	$F_{1-\alpha}^{n_1,n_2}$	F 分布の数表から求める	4.26
7	棄却域 右側検定		$0 \;\;\;\;\; F_{1-\alpha}^{n_1,n_2}$	
8	検定結果		仮説 H_0 を受理する。または H_0 を棄却する（対立仮説 H_1 を受理する）	仮説 H_0 を受理する

問 3.4

学生間，つまり列に差はないという仮説 H_0 を検定せよ。この節で検討した標本を用い，有意水準は 0.05 とする。

3.5 分散分析，2因子実験

男子は速いようですが，
特製ドリンクは効果がないようです．

キューちゃんの質問コーナー

🧑 さあ，いよいよ頂上．分散分析，2因子実験（two factor experiments）だ．

👧 その2因子って？

🧑 薬の例で説明するよ．薬Aと薬Bとの違いと，男性と女性との違いによって，つまり，二つの因子について効き方の違いがあるか否か，判別したいことがあるよね．それは
- 性別による違いも，薬Aと薬Bとの違いもないという，味も素っ気もない場合から始まり，
- 性別による違いはないが，薬Aのほうが効くとか，
- 薬Aと薬Bの違いはないが，いずれの薬も男性にはよく効くとか．さらには，
- 薬によっても違うし，性別によっても違う

ということもあるよね．このように，薬と性別という二つの因子の効果を調べる手続きを2因子実験というんだ．

👧 なるほど．どんなふうにして？

🧑 前回と同じで，薬の違いや性別の違いによる薬の効き方の違いが，薬の効き方の誤差のばらつきに比べて大きいか小さいかを考えればいいんだ．

👧 二つの因子についても調べられるなんてすごい！
じゃあ，3因子以上，いくつでも…？

🧑 そう．同じように考えればいいよ．そのときには2因子の考え方を応用してね．

3.5.1 問題設定

II編 **3.4** 節の本文では,行の効果だけを,あるいは列の効果だけ (**問 3.4**) を検定した.それぞれ,因子は一つだけであった.それに対して,ここでは,行と列を同時に考慮したとき,それぞれが意味のある効果をもっているか否かを検定する.

母集団の**全平均** (grand mean), **行平均** (row mean), **列平均** (column mean) を,それぞれ μ, μ_j, μ_k と表す.このとき,$\alpha_j = \mu - \mu_j$ は**行効果**,$\beta_k = \mu - \mu_k$ は**列効果**といえる.これらを用いると,j 行 k 列における確率変数 X_{jk} は

$$X_{jk} = \mu + \alpha_j + \beta_k + \Delta_{jk}$$

のようにモデル化できる.ここで,Δ_{jk} は**誤差**である.μ, α_j, β_k は,神のみぞ知る真の値である.それに対して,X_{jk} は現実の値であり,それには必ず誤差 Δ_{jk} が含まれるのは当然であろう.

さて,II編 **3.4** 節で示した標本に,このモデルを適用してみる.検定する仮説は,以下のとおりである.

H_{01}:すべての行平均が等しい.

すなわち"行間に有意差がない(行効果なし)".つまり,$j = 1, 2, \cdots, J$ に対して,$\alpha_j = 0$.

これに対する対立仮説は

H_{11}:"行間に有意差がある(行効果あり)".

もう一つ,別に検定する仮説は

H_{02}:すべての列平均が等しい.

すなわち"列間に有意差がない(列効果なし)".つまり,$k = 1, 2, \cdots, K$ に対して,$\beta_k = 0$.

これに対する対立仮説は

H_{12}:"列間に有意差がある(列効果あり)".

3.5.2 視覚的な説明

では,実際にこれら二つの仮説を検定しよう。まず,少し,わき道にそれるが,さまざまな変数の意味を視覚的に理解しよう。

μ, μ_j, μ_k, α_j, β_k の標本から求めた推定値は,それぞれ,標本全平均 $\overline{X}$,標本行平均 $\overline{X}_j$,標本列平均 $\overline{X}_k$,標本行効果 $\bar{\alpha}_j$,標本列効果 $\bar{\beta}_k$ であり,それぞれ以下のように表すことができる。

(1) 標本全平均 $\overline{X}$ を求める。

$$\overline{X} = (44 + 76 + \cdots + 76 + 90)/12 = 72$$

授業方法＼学生	A	B	C	D
I	72	72	72	72
II	72	72	72	72
III	72	72	72	72

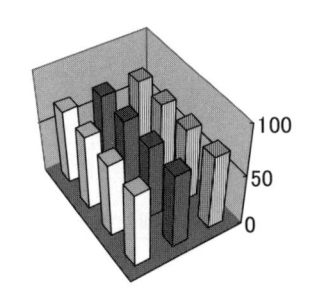

(2) 標本行平均 $\overline{X}_j$ を求める。

$$\overline{X}_{\mathrm{I}} = (44 + 76 + 58 + 70)/4 = 62$$
$$\overline{X}_{\mathrm{II}} = (57 + 85 + 61 + 97)/4 = 75$$
$$\overline{X}_{\mathrm{III}} = (66 + 84 + 76 + 90)/4 = 79$$

授業方法＼学生	A	B	C	D
I	$72 - 10 = 62$	62	62	62
II	$72 + 3 = 75$	75	75	75
III	$72 + 7 = 79$	79	79	79

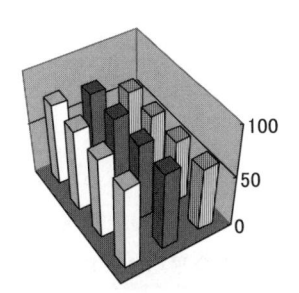

(3) 標本行効果 $\bar{\alpha}_j$ を求める。

$$\bar{\alpha}_j = 標本行平均\ \overline{X}_j - 標本全平均\ \overline{X}$$

授業方法＼学生	A	B	C	D
I	$\bar{\alpha}_{\mathrm{I}} = 62 - 72 = -10$	-10	-10	-10
II	$\bar{\alpha}_{\mathrm{II}} = 75 - 72 = 3$	3	3	3
III	$\bar{\alpha}_{\mathrm{III}} = 79 - 72 = 7$	7	7	7

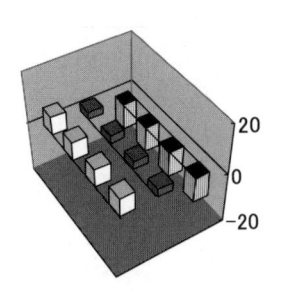

ここから，授業方法Ⅰ，Ⅱ，Ⅲの順で得点が高くなる効果がわかる。

(4) 表の**標本列平均** $\bar{X}_k$ を求める。

$$\bar{X}_A = (44 + 57 + 66)/3 = 55.7$$
$$\bar{X}_B = (76 + 85 + 84)/3 = 81.7$$
$$\bar{X}_C = (58 + 61 + 76)/3 = 65$$
$$\bar{X}_D = (70 + 97 + 90)/3 = 85.7$$

授業方法＼学生	A	B	C	D
Ⅰ	55.7	81.7	65	85.7
Ⅱ	55.7	81.7	65	85.7
Ⅲ	55.7	81.7	65	85.7

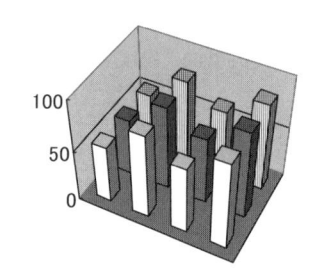

(5) **標本列効果** $\bar{\beta}_k =$ 標本列平均 $\bar{X}_k -$ 標本 $\bar{X}$ を求める。

授業方法＼学生	A	B	C	D
Ⅰ	55.7 − 72 = − 16.3	81.7 − 72 = 9.7	65 − 72 = − 7	85.7 − 72 = 13.7
Ⅱ	− 16.3	9.7	− 7	13.7
Ⅲ	− 16.3	9.7	− 7	13.7

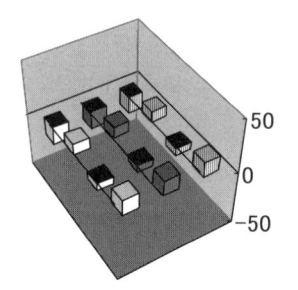

ここから，学生 A，C，B，D の順で得点が高くなる効果がわかる。

(6) X_{jk} の推定値 $\hat{X}_{jk}$ を求める。

標本全平均 $\bar{X}$ の効果，標本行効果 $\bar{\alpha}_j$，標本列効果 $\bar{\beta}_k$ から，$\hat{X}_{jk} = \bar{X} + \bar{\alpha}_j + \bar{\beta}_k$ を計算する。

授業方法＼学生	A	B	C	D
Ⅰ	72 − 10 − 16.3 = 45.7	72 − 10 + 9.7 = 71.7	72 − 10 − 7 = 55	72 − 10 + 13.7 = 75.7
Ⅱ	72 + 3 − 16.3 = 58.7	72 + 3 + 9.7 = 84.7	72 + 3 − 7 = 68	72 + 3 + 13.7 = 88.7
Ⅲ	72 + 7 − 16.3 = 62.7	72 + 7 + 9.7 = 88.7	72 + 7 − 7 = 72	72 + 7 + 13.7 = 92.7

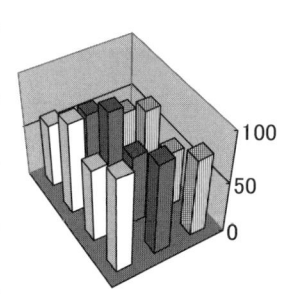

授業方法 I, II, III の順で得点が高くなる効果, ならびに学生 A, C, B, D の順で得点が高くなる効果を総合して, 各授業方法, 学生の得点の推定値が求められる。この推定値は, すべての得点を最もよく説明できるように求めたものであり, 実際の得点はそれとは異なる。

（7）推定値 $\widehat{X}_{jk}$ と X_{jk} の差 Δ_{jk} を求める。

$$\Delta_{jk} = X_{jk} - \widehat{X}_{jk}$$

授業方法＼学生	A	B	C	D
I	$44 - 45.7$ $= -1.7$	$76 - 71.7$ $= 4.3$	$58 - 55$ $= 3$	$70 - 75.7$ $= -5.7$
II	$57 - 58.7$ $= -1.7$	$85 - 84.7$ $= 0.3$	$61 - 68$ $= -7$	$97 - 88.7$ $= 8.3$
III	$66 - 62.7$ $= 3.3$	$84 - 88.7$ $= -4.7$	$76 - 72$ $= 4$	$90 - 92.7$ $= -2.7$

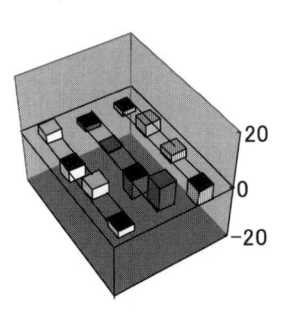

3.5.3 検　　定

では, 本題に戻って, 検定を行う。

全平均からの行平均の変動（行間変動） v_r ← 行効果 α_j を反映する

$$v_r = n_I \bar{\alpha}_I^2 + n_{II} \bar{\alpha}_{II}^2 + n_{III} \bar{\alpha}_{III}^2$$
$$= n_I (\bar{X}_I - \bar{X})^2 + n_{II} (\bar{X}_{II} - \bar{X})^2 + n_{III} (\bar{X}_{III} - \bar{X})^2$$
$$= 4 \times (62 - 72)^2 + 4 \times (75 - 72)^2 + 4 \times (79 - 72)^2 = 632$$

その自由度 ϕ は, $\bar{\alpha}_j$ が n_{row} 個あるが, $\sum_j \bar{\alpha}_j = 1$ なる関係式が 1 本あるので, $n_{\text{row}} - 1$ となる。

全平均からの列平均の変動（列間変動） v_c ← 列効果 β_k を反映する

$$v_c = n_A \bar{\beta}_A^2 + n_B \bar{\beta}_B^2 + n_C \bar{\beta}_C^{b} + n_D \bar{\beta}_D^2$$
$$= n_A (\bar{X}_A - \bar{X})^2 + n_B (\bar{X}_B - \bar{X})^2 + n_C (\bar{X}_C - \bar{X})^2 + n_D (\bar{X}_D - \bar{X})^2$$
$$= 3 \times (55.7 - 72)^2 + 3 \times (81.7 - 72)^2 + 3 \times (65 - 72)^2$$
$$\quad + 3 \times (85.7 - 72)^2$$
$$= 1788$$

その自由度 ϕ_c は，$\bar{a}_k$ が n_{column} 個あるが，$\sum_k \bar{a}_k = 1$ なる関係式が1本あるので，$n_{\text{column}} - 1$ となる。

全変動 v ← 行効果 α_j，列効果 β_k，誤差 $\varDelta_{jk}$ のすべてを反映する

$$v = (X_{\text{I,A}} - \bar{X})^2 + (X_{\text{I,B}} - \bar{X})^2 + \cdots + (X_{\text{III,D}} - \bar{X})^2$$
$$= (44 - 72)^2 + (76 - 72)^2 + \cdots + (90 - 72)^2 = 2\,660$$

誤差変動（error variation，**確率的変動**（stochastic variation），**クラス内変動**（within-class variation）ともいう）v_e ← 誤差 $\varDelta_{jk}$ を反映する。

これは，その定義に従って，すべての j と k に対する $\varDelta_{jk}$ の2乗の和，すなわち

$$v_e = \sum_j \sum_k \varDelta_{jk} = \varDelta_{11}{}^2 + \varDelta_{12}{}^2 + \varDelta_{13}{}^2 + \varDelta_{14}{}^2 + \varDelta_{21}{}^2 + \cdots + \varDelta_{34}{}^2$$

を計算すればよい。その他

$$v_e = v - v_r - v_c = 2\,660 - 632 - 1\,788 = 240$$

なる関係式を用いて求めてもよい（**ハイレベル補足説明3.5**参照）。

その自由度 ϕ_e は，$\varDelta_{jk}$ は $n_{\text{row}} \times n_{\text{column}}$ 個あるが，$\sum_j \varDelta_{jk} = 0$ なる関係式が n_{row} 本，$\sum_k \varDelta_{jk} = 0$ なる関係式が n_{column} 本，そして $\sum_j \sum_k \varDelta_{jk} = 0$ なる関係式が1本あるので，$n_{\text{row}} \times n_{\text{column}} - (n_{\text{row}}) - (n_{\text{column}}) - 1 = (n_{\text{row}} - 1)(n_{\text{column}} - 1)$ となる。注参照[†]。

これらから行間平均平方（between-row mean-square），列間平均平方（between-column mean-square），誤差平均平方（error mean-square），そして検定統計量，パーセント点などをまとめた分散分析表がつぎのように求められる。

[†] 全平均のために自由度は1削減される。さらに，全平均を用いて，$(n_{\text{row}} - 1)$ 個の行平均から残りの1個の行平均が自動的に決まるので，n_{row} 個の行平均のうちで $(n_{\text{row}} - 1)$ 個が意味をもち，削減対象となる。同様に，n_{column} 個の列平均のうちで $(n_{\text{column}} - 1)$ 個が意味をもつ。したがって，すべてのデータ数 $n_{\text{row}} \cdot n_{\text{column}}$ から

$$1 + (n_{\text{row}} - 1) + (n_{\text{column}} - 1)$$

を引けばよい。すなわち

$$n_{\text{row}} \cdot n_{\text{column}} - \{1 + (n_{\text{row}} - 1) + (n_{\text{column}} - 1)\} = (n_{\text{row}} - 1)(n_{\text{column}} - 1)$$

3. 仮 説, 検 定

変 動 v	自由度 ϕ	平均平方 s^2	検定統計量 F	パーセント点
行間変動が確率的変動に比べて十分大きいか否か？				
行間変動 $v_r = 632$	$\phi_r = n_{row} - 1 = 3 - 1$ $= 2$	行間平均平方 $s_r^2 = v_r/(n_{row} - 1)$ $= 632/2 = 316$	$s_r^2/s_e^2 = 316/40$ $= 7.9$	$F_{0.95}{}^{2,6}$ $= 5.1$
列間変動が確率的変動に比べて十分大きいか否か？				
列間変動 $v_c = 1788$	$\phi_c = n_{column} - 1$ $= 4 - 1$ $= 3$	列間平均平方 $s_c^2 = 1778/3 = 596$	$s_c^2/s_e^2 = 596/40$ $= 14.9$	$F_{0.95}{}^{3,6}$ $= 4.7$
誤差変動 $v_e = 240$	$\phi_e = (n_{row}-1)(n_{column}-1)$ $= 2 \times 3 = 6$ 注参照†	誤差平均平方 $s_e^2 = v_e/\{(n_{row} - 1)(n_{column} - 1)\}$ $= 240/6 = 40$		
全変動 $v = 2260$				

$F_{0.95}{}^{2,6} < 7.9$ であるので，仮説 H_{01} は棄却される。つまり，有意水準 0.05 において行間に有意差がある。また，$F_{0.95}{}^{3,6} < 14.9$ であるので，仮説 H_{02} も棄却される。つまり，有意水準 0.05 において列間に有意差がある。

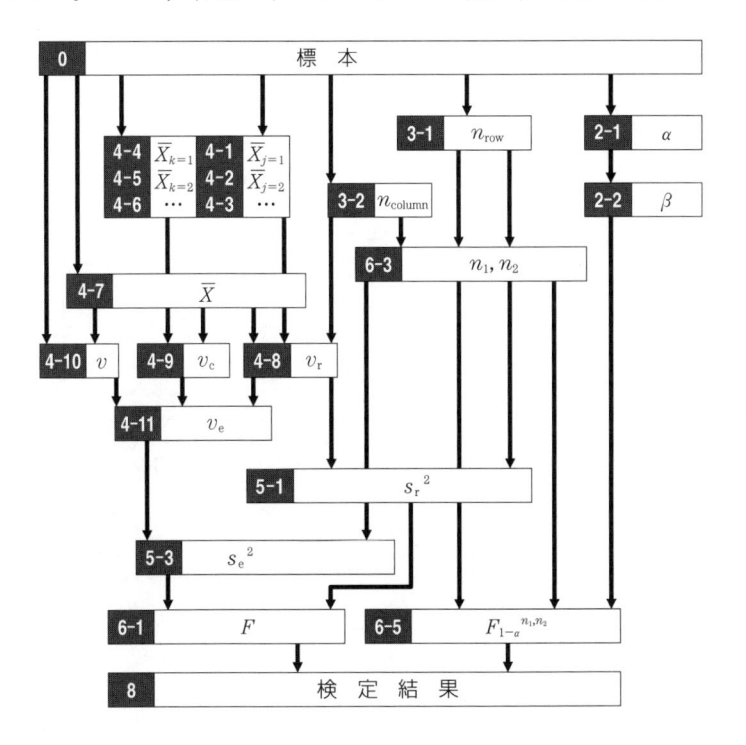

手順	項　目	記　号	求　め　方	数　値
0	標本を書き出す	$X_{1,1}, X_{1,2},$ $\cdots, X_{2,1},$ $X_{2,2}, \cdots,$ $X_{j,k}$		44, 76, 58, 70, 57, 85, 61, 97, 66, 84, 76, 90
1-1	仮説を立てる　仮説	H_{01}　H_{02}	行間に有意差がない　列間に有意差がない	
1-2	対立仮説	H_{11}　H_{12}	行間に有意差がある　列間に有意差がある	
2-1	有意水準	α	適切に定める	0.05
2-2	信頼係数	β	$= 1 - \alpha$	0.95
3-1		n_{row}	標本に従って定められる	3
3-2		n_{column}	標本に従って定められる	4
4-1	母集団 第1行の行平均	$\overline{X}_{j=1}$	$= \dfrac{X_{1,1} + X_{1,2} + \cdots + X_{1,n_{\text{column}}}}{n_{\text{column}}}$	62
4-2	母集団 第2行の行平均	$\overline{X}_{j=2}$	$= \dfrac{X_{2,1} + X_{2,2} + \cdots + X_{2,n_{\text{column}}}}{n_{\text{column}}}$	75
4-3	⋮	⋮	⋮	79
4-4	母集団 第1列の列平均	$\overline{X}_{k=1}$	$= \dfrac{X_{1,1} + X_{2,1} + \cdots + X_{n_{\text{row}}2}}{n_{\text{row}}}$	55.7
4-5	母集団 第2列の列平均	$\overline{X}_{k=2}$	$= \dfrac{X_{1,2} + X_{2,2} + \cdots + X_{n_{\text{row}}2}}{n_{\text{row}}}$	81.7
4-6	⋮	⋮	⋮	85.7 65.0
4-7	全平均	$\overline{X}$	$= \dfrac{\overline{X}_{j=1} + \overline{X}_{j=2} + \cdots - \overline{X}_{j=n_{\text{row}}}}{n_{\text{row}}}$ $\left(= \dfrac{\overline{X}_{k=1} + \overline{X}_{k=2} + \cdots + \overline{X}_{k=n_{\text{column}}}}{n_{\text{column}}} \right)$	72
4-8	行間変動	v_{r}	$= n_{\text{column}}\{(\overline{X}_{j=1} - \overline{X})^2$ $+ (\overline{X}_{j=2} - \overline{X})^2$ $+ \cdots + (\overline{X}_{j=n_{\text{row}}} - \overline{X})^2\}$	632
4-9	列間変動	v_{c}	$= n_{\text{row}}\{(\overline{X}_{k=1} - \overline{X})^2 + (\overline{X}_{k=2} - \overline{X})^2$ $+ \cdots + (\overline{X}_{k=n_{\text{column}}} - \overline{X})^2\}$	1 788

3. 仮説，検定

(つづき)

手順	項　目	記号	求め方	数値	
4-10	全変動	v	$= (X_{1,1} - \bar{X})^2 + (X_{2,1} - \bar{X})^2$ $+ \cdots + (X_{n_{\text{row}},1} - \bar{X})^2$ $+ (X_{1,2} - \bar{X})^2 + (X_{2,2} - \bar{X})^2$ $+ \cdots + (X_{n_{\text{row}},2} - \bar{X})^2$ $\vdots$ $+ (X_{1,n_{\text{column}}} - \bar{X})^2$ $+ (X_{2,n_{\text{column}}} - \bar{X})^2$ $+ \cdots + (X_{n_{\text{row}},n_{\text{column}}} - \bar{X})^2$	2 660	
4-11	確率的変動	v_e	$= v - v_r - v_c$	240	
5-1	行間平均平方	s_r^2	$= v_r/(n_{\text{row}} - 1)$	316	
5-2	列間平均平方	s_c^2	$= v_c/(n_{\text{column}} - 1)$	596	
5-3		s_e^2	$= v_t/\{(n_{\text{row}} - 1)(n_{\text{column}} - 1)\}$	40	
6-1	検定統計量	F	$= \dfrac{s_r^2}{s_e^2}$	7.9	
6-2	検定統計量	F	$= \dfrac{s_c^2}{s_e^2}$	14.9	
6-3	自由度	n_1, n_2	$n_1 = n_{\text{row}} - 1$, $n_2 = (n_{\text{row}} - 1)(n_{\text{column}} - 1)$	26	
6-4	自由度		$n_1 = n_{\text{column}} - 1$, $n_2 = (n_{\text{row}} - 1)(n_{\text{column}} - 1)$	36	
6-5	自由度が (n_1, n_2)，分布関数の値が $1 - \alpha$ となる F 値	$F_{1-\alpha}^{n_1,n_2}$　$F_{1-\alpha}^{n_1,n_2}$	F 分布の数表から求める	5.14	4.76
7	棄却域　右側検定		0　　　　　　$F_{1-\alpha}^{n_1,n_2}$ ✕		
8	検定結果		仮説 H_{01} を受理する，または H_{01} を棄却する（対立仮説 H_{11} を受理する） 仮説 H_{02} を受理する，または H_{02} を棄却する（対立仮説 H_{12} を受理する）	仮説 H_{01} を棄却する 仮説 H_{02} を棄却する	

ワンポイント　1因子実験と2因子実験，どこが違う？

F の分母 s_w^2「確率的変動」＝「各標本の変動」－「系統的な変動」であった。ここで，1因子実験では，「系統的な変動」として，行の効果"だけ"，あるいは列の効果"だけ"を組み込んでいた。

それに対して，2因子実験では，「系統的な変動」として，行の効果と列の効果の両方が組み込まれている　⇒　行と列の効果は標本の変動を最も小さくす

るように求められる ⇒ F の分母 S_w^2 は小さくなる。

一方，F の分子 S_b^2 は 1 因子実験でも 2 因子実験でも変わらない。よって「2 因子実験の F」≧「1 因子実験の F」 ⇒ 2 因子実験では，有意差（行，あるいは列の効果）が出やすい

ハイレベル補足説明 3.5

全変動と，クラス間変動，クラス内変動との関係を教えて！

すべての標本をいくつかのグループ（クラスと呼ぶ）に分けたとする。II 編 **3.4** 節の例でいえば，このクラスは各列となる。全平均からの列平均，すなわち，各クラス間の変動は**クラス間変動**（between-classes variation）v_b と呼ばれる。また，**確率的変動**（random variation）は，各クラスの内部の変動ということができ，これは**クラス内変動**（within-classes variation）v_w とも呼ばれる。では，全変動 v と，クラス間変動，クラス内変動との関係を考察しよう。

クラスが二つある場合について，全変動を求めてみよう。全変動 v は

$$\begin{aligned}
v &= \sum_{k=1}^{n_1}(X_{1k}-\mu)^2 + \sum_{k=1}^{n_2}(X_{2k}-\mu)^2 \\
&= \{(X_{11}-\mu_1+\mu_1-\mu)^2 + (X_{12}-\mu_1+\mu_1-\mu)^2 + \cdots \\
&\quad + (X_{1n_1}-\mu_1+\mu_1-\mu)^2\} + \{(X_{21}-\mu_2+\mu_2-\mu)^2 \\
&\quad + (X_{22}-\mu_2+\mu_2-\mu)^2 + \cdots + (X_{2n_2}-\mu_2+\mu_2-\mu)^2\} \\
&= \{(X_{11}-\mu_1)^2 + (X_{12}-\mu_1)^2 + \cdots + (X_{1n_1}-\mu_1)^2\} + \{(X_{21}-\mu_2)^2 \\
&\quad + (X_{22}-\mu_2)^2 + \cdots + (X_{2n_2}-\mu_2)^2\} + \{(\mu_1-\mu)^2 + (\mu_1-\mu)^2 \\
&\quad + \cdots + (\mu_1-\mu)^2\} + \{(\mu_2-\mu)^2 + (\mu_2-\mu)^2 + \cdots + (\mu_2-\mu)^2\} \\
&\quad + 2\times\{(X_{11}-\mu_1)(\mu_1-\mu) + (X_{12}-\mu_1)(\mu_1-\mu) + \cdots \\
&\quad + (X_{1n_1}-\mu_1)(\mu_1-\mu)\} + 2\{(X_{21}-\mu_2)(\mu_2-\mu) \\
&\quad + (X_{22}-\mu_2)(\mu_2-\mu) + \cdots + (X_{2n_2}-\mu_2)(\mu_2-\mu)\} \\
&= \{\sum(X_{1k}-\mu_1)^2 + \sum(X_{2k}-\mu_2)^2\} + \{n_1(\mu_1-\mu)^2 + n_2(\mu_2-\mu)^2\} \\
&\quad + 2\times(X_{11}-\mu_1+X_{12}-\mu_1+\cdots+X_{1n_1}-\mu_1)(\mu_1-\mu) \\
&\quad + 2\times(X_{21}-\mu_2+X_{22}-\mu_2+\cdots+X_{2n_2}-\mu_2)(\mu_2-\mu) \\
&= \{\sum(X_{1k}-\mu_1)^2 + \sum(X_{2k}-\mu_2)^2\} + \{n_1(\mu_1-\mu)^2 + n_2(\mu_2-\mu)^2\} \\
&\quad + 2\times(X_{11}-X_{12}+\cdots+X_{1n_1}-n_1\mu_1)(\mu_1-\mu) \\
&\quad + \times(X_{21}+X_{22}+\cdots+X_{2n_2}-n_2\mu_2)(\mu_2-\mu) \\
&= \{\sum(X_{1k}-\mu_1)^2 + \sum(X_{2k}-\mu_2)^2\} + \{n_1(\mu_1-\mu)^2 + n_2(\mu_2-\mu)^2\} \\
&\quad + 2\times 0\times(\mu_1-\mu) + 2\times 0\times(\mu_2-\mu) \\
&= \{\sum(X_{1k}-\mu_1)^2 + \sum(X_{2k}-\mu_2)^2\}
\end{aligned}$$

$$+ \{n_1(\mu_1 - \mu)^2 + n_2(\mu_2 - \mu)^2\} = v_b + v_w$$

このように

全変動 $v =$ **クラス間変動** $v_b +$ **クラス内変動** v_w

となる。本項の例では，クラス間変動は列間変動と行間変動の二つがある。一方のクラス内変動は確率的変動がそれに相当する。したがって

全変動 $v =$ **行間変動** $v_r +$ **列間変動** $v_c +$ **確率的変動** v_e

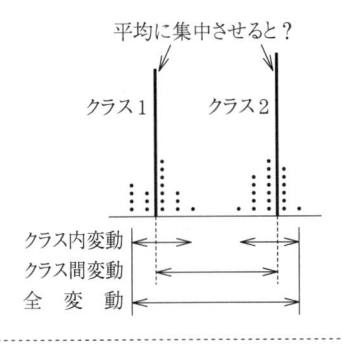

問 3.5

ある会社で2台の機械Ⅰ，Ⅱを使い，A，B，C，Dの4人の社員が製品を作る。有意水準 0.05 において

（1） 社員間

（2） 機械間

で違いがあるか否かを調べよ。ただし製品はつぎの表のように作られたものとせよ。

機械＼社員	A	B	C	D
Ⅰ	3	4	5	4
Ⅱ	4	6	5	5

4章　曲線のあてはめ（回帰）と相関

キューちゃんの質問コーナー

- "曲線のあてはめ"って？

- 例えば，x と y というような二つの変数があって，二つの変数の関係を表すデータ（標本）が何個か得られたとしよう。これらのデータを x-y 平面に点としてプロットすると散布した点群になるよね。その点群に最もよく一致するように曲線を引くことなんだ。

- 曲線を引くっていっても，どんなふうにも引けるじゃない？

- そうだね。何らかの制約をもたせないと，誰が引いても同じ結果にはならないね。

- どんな制約？

- 曲線にはいろいろある。一次関数なら勾配（こうばい）と切片を与えれば，一意に決まる。

- ちょっと待って。"一意"って？

- 誰が描いても同じ曲線になるってことだよ。話を続けるよ。二次関数なら二次の項，一次の項，0次の項の係数が決まれば，一意に決まる。sin 関数でも，振幅と位相が決まれば，一意に決まる。このように曲線の形式，これをモデルっていうんだけれど，モデルが決まれば，そのモデルに含まれている，定数を決めれば曲線は一意に決まるんだ。

- とすると，モデルを決めてから，定数を決めること，それが曲線のあてはめなんだ。

- そうだよ。どんなモデルでも，あてはめることはできるんだ。でも，ここでは，その第一歩として，直線（これも曲線の一部だよ）をあてはめることを勉強するんだ。

4. 曲線のあてはめ（回帰）と相関　　157

将来，もっと勉強して，どんなモデルでもあてはめられるようになりたいネ。

_/

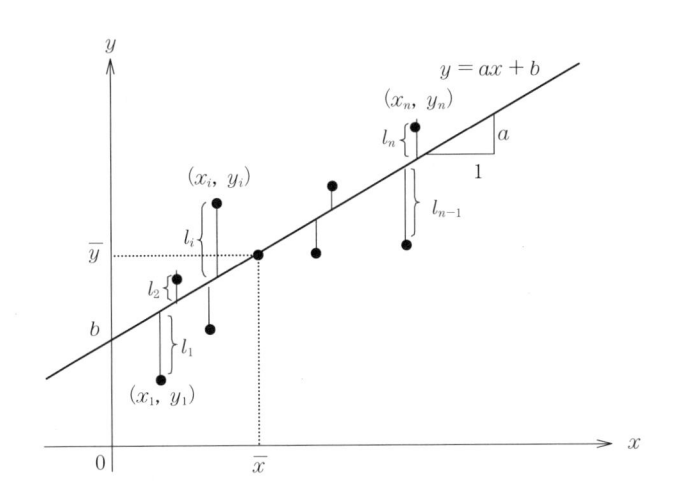

さまざまな条件 x_i に対して観測値 y_i が得られたとする。このとき，この結果をうまくまとめて，どのような条件であっても，条件から観測値を計算で知ることができるようになれば便利であろう。本章では，条件と観測値の対が n 個，$(x_1, y_1), (x_2, y_2), \cdots, (x_n, y_n)$ というように与えられ，しかも観測値が条件 x_i の定数 a 倍，すなわち ax_i に定数 b を加算した $ax_i + b$ という形（これをモデルという）で表現できるものと仮定したとき，観測結果に最もよく適合するように，定数 a, b（未知の数であることを陽に示すため，未知数と呼ぶことが多い）を推定する方法を説明する。

勾配を a，切片を b とすると（これらの値は，いまはわかっていないが，とりあえず，"もしわかっていたらこうなるはずだ" ということで話を進めよう），条件 x_i に対する y_i の計算値（一般には **"推定値"** という），$y_{\text{est},i}$ を与える式は

$$y_{\text{est},i} = ax_i + b$$

となる。これは**回帰方程式**と呼ばれる。

ここでもう一つ，重要な考え方を導入する。実際の観測には誤差は付き物で

ある。したがって，観測値 y_i は推定値 $y_{\text{est},i}$ に誤差が加算されたものであると考えよう。その意味で，y_i は $y_{\text{est},i}$ を与える $ax_i + b$ と等号（＝）で関係づけることはできない。誤差の分だけずれる。それを陽に表すため $\approx$ を用いて，観測値 y_i を与える式は

$$y_i \approx ax_i + b$$

と表記する。これは**観測方程式**と呼ばれる。具体的に，$i = 1, 2, \cdots, n$ の標本に対して観測方程式を示そう。

個別の表現	ベクトル・行列表現（中間）	ベクトル・行列表現（最終）
$y_1 \approx ax_1 + b$ $y_2 \approx ax_2 + b$ $\vdots$ $y_i \approx ax_i + b$ $\vdots$ $y_n \approx ax_n + b$	実現値 条件 勾配 切片 $\begin{bmatrix} y_1 \\ \vdots \\ y_i \\ \vdots \\ y_n \end{bmatrix} \approx \begin{bmatrix} x_1 \\ \vdots \\ x_i \\ \vdots \\ x_n \end{bmatrix} a + \begin{bmatrix} 1 \\ \vdots \\ 1 \\ \vdots \\ 1 \end{bmatrix} b = \begin{bmatrix} x_1 & 1 \\ \vdots & \vdots \\ x_i & 1 \\ \vdots & \vdots \\ x_n & 1 \end{bmatrix} \begin{bmatrix} a \\ b \end{bmatrix}$	$\Rightarrow \boldsymbol{y} \approx \boldsymbol{H}\boldsymbol{a}$ ただし $\boldsymbol{y} = \begin{bmatrix} y_1 \\ \vdots \\ y_i \\ \vdots \\ y_n \end{bmatrix}, \boldsymbol{H} = \begin{bmatrix} x_1 & 1 \\ \vdots & \vdots \\ x_i & 1 \\ \vdots & \vdots \\ x_n & 1 \end{bmatrix}, \boldsymbol{a} = \begin{bmatrix} a \\ b \end{bmatrix}$

このように，ベクトルと行列を用いることにより，驚くほど簡潔に表記されていることに注意しよう。ここで，右辺を一般化する。

個別の表現	ベクトル・行列表現（中間）	ベクトル・行列表現（最終）
$y_1 \approx h_{11}a + h_{12}b$ $y_2 \approx h_{21}a + h_{22}b$ $\vdots$ $y_i \approx h_{i1}a + h_{i2}b$ $\vdots$ $y_n \approx h_{n1}a + h_{n2}b$	$\begin{bmatrix} y_1 \\ \vdots \\ y_i \\ \vdots \\ y_n \end{bmatrix} \approx \begin{bmatrix} h_{11} \\ \vdots \\ h_{i1} \\ \vdots \\ h_{n1} \end{bmatrix} a + \begin{bmatrix} h_{12} \\ \vdots \\ h_{i2} \\ \vdots \\ h_{n2} \end{bmatrix} b$ $= \begin{bmatrix} h_{11} & h_{12} \\ \vdots & \vdots \\ h_{i1} & h_{i2} \\ \vdots & \vdots \\ h_{n1} & h_{n2} \end{bmatrix} \begin{bmatrix} a \\ b \end{bmatrix}$	$\Rightarrow \boldsymbol{y} \approx \boldsymbol{h}_1 a + \boldsymbol{h}_2 b$ $\Rightarrow \boldsymbol{y} \approx \boldsymbol{H}\boldsymbol{a}$ ただし $\boldsymbol{y} = \begin{bmatrix} y_1 \\ \vdots \\ y_i \\ \vdots \\ y_n \end{bmatrix}, \boldsymbol{H} = \begin{bmatrix} h_{11} & h_{12} \\ \vdots & \vdots \\ h_{i1} & h_{i2} \\ \vdots & \vdots \\ h_{n1} & h_{n2} \end{bmatrix}, \boldsymbol{a} = \begin{bmatrix} a \\ b \end{bmatrix}$

では，標本が以下のように3個の場合の例をとり，解き方，すなわち未知数 $\boldsymbol{a}$ の求め方を考えよう。

個別の表現	ベクトル・行列表現（中間）	ベクトル・行列表現（最終）
$3 \approx 10a + 5b$ $-1 \approx 4a + 10b$ $13 \approx 4a + 6b$	$\begin{bmatrix} 3 \\ -1 \\ 13 \end{bmatrix} \approx \begin{bmatrix} 10 \\ 4 \\ 4 \end{bmatrix} a + \begin{bmatrix} 5 \\ 10 \\ 6 \end{bmatrix} b$ $= \begin{bmatrix} 10 & 5 \\ 4 & 10 \\ 4 & 6 \end{bmatrix} \begin{bmatrix} a \\ b \end{bmatrix}$	$\Rightarrow \boldsymbol{y} \approx \boldsymbol{H}\boldsymbol{a}$ ただし $\boldsymbol{y} = \begin{bmatrix} 3 \\ -1 \\ 13 \end{bmatrix}, \boldsymbol{H} = \begin{bmatrix} 10 & 5 \\ 4 & 10 \\ 4 & 6 \end{bmatrix}, \boldsymbol{a} = \begin{bmatrix} a \\ b \end{bmatrix}$

ここで，$y \approx Ha$ を以下のように見る。

$$y \approx y_{est}$$

ただし，$y_{est} = Ha = [h_1 \ h_2]a = h_1 a + h_2 b$

これは，すなわち推定値ベクトル y_{est} は Ha により与えられるが，その y_{est} ができる限り実現値ベクトル y に等しくなるように，a の値を求めようというのである。まず，この式の意味を考えよう。左辺の y は，図に示すように，$y_1 = 3$，$y_2 = -1$，$y_3 = 13$ を成分としてもつ三次元ベクトルと見ることができる。右辺の第1項 $h_1 a$ と第2項 $h_2 b$ は，三次元ベクトル h_1 と h_2 を，それぞれ a，b 倍にスケール変化させた三次元ベクトルとなる。したがって，これらの和 $h_1 a + h_2 b$ で表される推定値 y_{est} は，ベクトル h_1 と h_2 が張る（図では灰色に塗った部分）平面上の点を表すベクトルになる。

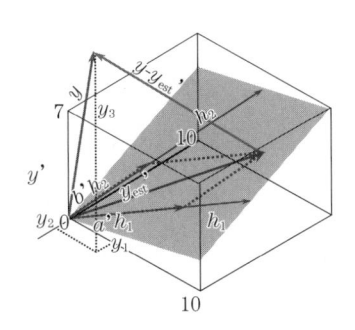

したがって，ベクトル h_1 と h_2 が張る平面上の点の中で，できる限り推定値 y_{est} が観測値 y に等しくなる点を与える a と b が，求める最適値となる。そのような点は，つぎの図のように，y を h_1 と h_2 が張る平面に射影した点，つ

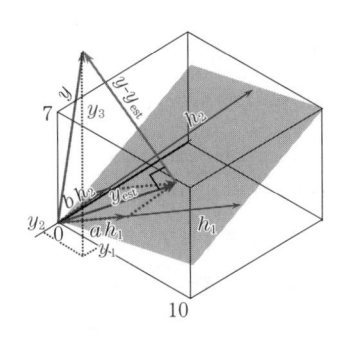

まり y から h_1 と h_2 が張る平面への垂線の足で与えられる.

つぎに，この垂線の足の求め方を考えよう.

"垂線の足である"

⇔ "$y - y_{\text{est}}$ と y_{est} がたがいに垂直"

⇔ "$y - y_{\text{est}}$ と h_1 がたがいに垂直，かつ $y - y_{\text{est}}$ と h_2 がたがいに垂直"

⇔ "$y - y_{\text{est}}$ と h_1 との内積が 0，かつ $y - y_{\text{est}}$ と h_2 との内積が 0"

⇔ $h_1^T(y - y_{\text{est}}) = 0$, かつ $h_2^T(y - y_{\text{est}}) = 0$

⇔ $h_1^T y = h_1^T y_{\text{est}}$, かつ $h_2^T y = h_2^T y_{\text{est}}$

⇔ $h_1^T y = h_1^T h_1 a + h_1^T h_2 b$, かつ $h_2^T y = h_2^T h_1 a + h_2^T h_2 b$

⇔ $\sum h_{i1} y_i = a\sum h_{i1}^2 + b\sum h_{i1}h_{i2}$ かつ $\sum h_{i2}y_i = a\sum h_{i1}h_{i2} + b\sum h_{i2}^2$

これは，**正規方程式**といわれている．この連立二元一次方程式を解き，結果を公式としてまとめると

公　式

以下の観測方程式に対して ⇔ 回帰直線の係数は

$y_1 \approx h_{11}a + h_{12}b$
$y_2 \approx h_{21}a + h_{22}b$
$\vdots$
$y_i \approx h_{i1}a + h_{i2}b$
$\vdots$
$y_n \approx h_{n1}a + h_{n2}b$

$$a = \frac{\sum h_{i1}y_i \cdot \sum h_{i2}^2 - \sum h_{i2}y_i \cdot \sum h_{i1}h_{i2}}{\sum h_{i1}^2 \cdot \sum h_{i2}^2 - (\sum h_{i1}h_{i2})^2}$$

$$b = \frac{\sum h_{i2}y_i \cdot \sum h_{i1}^2 - \sum h_{i1}y_i \cdot \sum h_{i1}h_{i2}}{\sum h_{i1}^2 \cdot \sum h_{i2}^2 - (\sum h_{i1}h_{i2})^2}$$

となる．本例では

$a = \{(10 \times 3 - 4 \times 1 + 4 \times 13)(5^2 + 10^2 + 6^2)$
$\quad - (5 \times 3 - 10 \times 1 + 6 \times 13)(10 \times 5 + 4 \times 10 + 4 \times 6)\}$
$\quad /\{(5^2 + 10^2 + 6^2)(10^2 + 4^2 + 4^2) - (10 \times 5 + 4 \times 10 + 4 \times 6)^2\}$
$= 3/8$

$b = \{(10^2 + 4^2 + 4^2)(5 \times 3 - 10 \times 1 + 6 \times 13)$
$\quad - (10 \times 5 + 4 \times 10 + 4 \times 6)(10 \times 3 - 4 \times 1 + 4 \times 13)\}$
$\quad /\{(5^2 + 10^2 + 6^2)(10^2 + 4^2 + 4^2) - (10 \times 5 + 4 \times 10 + 4 \times 6)^2\}$

$= 1/4$

これは,じつは,$\boldsymbol{y}$ と $\boldsymbol{y}_{\text{est}}$ の差を表すベクトル $\boldsymbol{y} - \boldsymbol{y}_{\text{est}}$ の各成分の 2 乗の和,すなわち各点 (x_i, y_i) より y 軸と平行に直線 $y = ax + b$ へ足を下ろしたときの長さ l_i の 2 乗和,すなわち

$$L = l_1^2 + l_2^2 + \cdots + l_n^2$$

が最小となるような直線の傾き a と,y 軸との切片 b に相当する。

このような意味で,この操作は**最小二乗法**(または,曲線のあてはめ (curve fitting) という)と呼ばれる。また,あてはめられた直線は**最小二乗直線**,あるいは**回帰直線** (regression line, 一般化して,**回帰曲線**)と呼ばれる。

さて,$y_i \approx ax_i + b$ と定義されていた冒頭の問題では

$$\begin{bmatrix} h_{11} & h_{12} \\ \vdots & \vdots \\ h_{i1} & h_{i2} \\ \vdots & \vdots \\ h_{n1} & h_{n2} \end{bmatrix} = \begin{bmatrix} x_1 & 1 \\ \vdots & \vdots \\ x_i & 1 \\ \vdots & \vdots \\ x_n & 1 \end{bmatrix}$$

であることから,$\sum h_{i1} y_i = \sum x_i y_i$, $\sum h_{i1}^2 = \sum x_i^2$, $\sum h_{i1} h_{i2} = \sum x_i$, $\sum h_{i2} y_i = \sum y_i$, $\sum h_{i2}^2 = n$ と置けばよい。これにより,以下の公式が得られる。

公 式

以下の観測方程式に対して ⇔ 回帰直線の係数は

$y_1 \approx x_1 a + b$
$y_2 \approx x_2 a + b$
$\vdots$
$y_i \approx x_i a + b$
$\vdots$
$y_n \approx x_n a + b$

$$a = \frac{n\sum x_i y_i - \sum x_i \cdot \sum y_i}{n\sum x_i^2 - (\sum x_i)^2}$$

$$b = \frac{\sum y_i \cdot \sum x_i^2 - \sum x_i \cdot \sum x_i y_i}{n\sum x_i^2 - (\sum x_i)^2}$$

ハイレベル補足説明 4.1

この公式，とても複雑。なんとかして！

ベクトル・行列表現を駆使して説明しよう。

最小二乗条件は $\boldsymbol{h}_1^T \boldsymbol{y} = \boldsymbol{h}_1^T \boldsymbol{y}_{\text{est}}$ かつ $\boldsymbol{h}_2^T \boldsymbol{y} = \boldsymbol{h}_2^T \boldsymbol{y}_{\text{est}}$ と表すことができた。
$\boldsymbol{H} = [\boldsymbol{h}_1 \quad \boldsymbol{h}_2]$ を用いてこれら 2 式をまとめると

$$\text{左辺} = \begin{bmatrix} \boldsymbol{h}_1^T \boldsymbol{y} \\ \boldsymbol{h}_2^T \boldsymbol{y} \end{bmatrix} = \begin{bmatrix} \boldsymbol{h}_1^T \\ \boldsymbol{h}_2^T \end{bmatrix} \boldsymbol{y} = \boldsymbol{H}^T \boldsymbol{y}$$

また

$$\text{右辺} = \begin{bmatrix} \boldsymbol{h}_1^T \boldsymbol{y}_{\text{est}} \\ \boldsymbol{h}_2^T \boldsymbol{y}_{\text{est}} \end{bmatrix} = \begin{bmatrix} \boldsymbol{h}_1^T \\ \boldsymbol{h}_2^T \end{bmatrix} \boldsymbol{y}_{\text{est}} = \boldsymbol{H}^T \boldsymbol{y}_{\text{est}}$$

また，$\boldsymbol{y}_{\text{est}} = \boldsymbol{H}\boldsymbol{a}$ である。よって

$$\boldsymbol{H}^T \boldsymbol{y} = \boldsymbol{H}^T \boldsymbol{H} \boldsymbol{a}$$

となる。

じつは，この式は正規方程式になっている。$\boldsymbol{h}_1$ と $\boldsymbol{h}_2$ が異なる方向を向いていれば $\boldsymbol{H}^T\boldsymbol{H}$ に逆行列が存在する。そこで，この式の両辺に $(\boldsymbol{H}^T\boldsymbol{H})^{-1}$ を乗じると

$$(\boldsymbol{H}^T\boldsymbol{H})^{-1} \boldsymbol{H}^T \boldsymbol{y} = (\boldsymbol{H}^T\boldsymbol{H})^{-1} \boldsymbol{H}^T \boldsymbol{H} \boldsymbol{a}$$

となる。右辺の中の $(\boldsymbol{H}^T\boldsymbol{H})^{-1} \boldsymbol{H}^T \boldsymbol{H}$ は単位行列になるので

公式
$$\boldsymbol{a} = (\boldsymbol{H}^T\boldsymbol{H})^{-1} \boldsymbol{H}^T \boldsymbol{y}$$

が得られる。あまりの簡単さに驚いたであろう。

例 4.1

つぎの表の標本に，最小二乗法で直線 $y = ax + b$ をあてはめる。

x	-2	-1	1	2	3	3
y	0	1	3	3	5	6

（1） 合計を計算する作業は，つぎのような表にまとめることができる。これは，手計算の手間を省くためのものであり，公式に基づいて直接求めても構わない。

x_i	$x_i' = x_i - \bar{x}$	y_i	$y_i' = y_i - \bar{y}$	$x_i'y_i'$	$x_i'^2$	$y_i'^2$
-2	-3	0	-3	9	9	9
-1	-2	1	-2	4	4	4
1	0	3	0	0	0	0
2	1	3	0	0	1	0
3	2	5	2	4	4	4
3	2	6	3	6	4	9
$\Sigma x = 6$ $\bar{x} = 6/6 = 1$		$\Sigma y = 18$ $\bar{y} = 18/6 = 3$		$\Sigma x_i'y_i' = 23$	$\Sigma x_i'^2 = 22$	$\Sigma y_i'^2 = 26$

この表に示した各種の合計値を用いることにより，以下の分散は簡単に計算できる．

$$s_{xy} = \Sigma x_i'y_i'/(n-1) = 23/(6-1) = 4.6$$
$$s_x^2 = \Sigma x_i'^2/(n-1) = 22/(6-1) = 4.4$$
$$s_y^2 = \Sigma y_i'^2/(n-1) = 26/(6-1) = 5.2$$
$$\Sigma x_i y_i = \Sigma(x_i' + \bar{x})(y_i' + \bar{y}) = \Sigma(x_i'y_i' + x_i'\bar{y} + \bar{x}y_i' + \bar{x}\bar{y})$$
$$= \Sigma x_i'y_i' + \bar{y}\Sigma x_i' + \bar{x}\Sigma y_i' + \Sigma\bar{x}\bar{y}$$
$$= \Sigma x_i'y_i' + n\bar{x}\bar{y} \quad (ただし，\Sigma x_i' = 0, \ \Sigma y_i' = 0)$$
$$= 23 + 6 \times 1 \times 3 = 41$$
$$\Sigma x_i^2 = \Sigma x_i'^2 + n\bar{x}^2 = 22 + 6 \times 1 = 28$$
$$\Sigma y_i^2 = \Sigma y_i'^2 + n\bar{y}^2 = 26 + 6 \times 3^2 = 80$$

さて，正規方程式

$$\Sigma x_i y_i = a\Sigma x_i^2 + b\Sigma x_i$$
$$\Sigma y_i = a\Sigma x_i + bn$$

を解き，以下を得る．

$$a = \frac{n\Sigma x_i y_i - \Sigma x_i \cdot \Sigma y_i}{n\Sigma x_i^2 - (\Sigma x_i)^2} = \frac{6 \times 41 - 6 \times 18}{6 \times 28 - 6^2} = 1.045$$

$$b = \frac{\Sigma y_i \cdot \Sigma x_i^2 - \Sigma x_i \cdot \Sigma x_i y_i}{n\Sigma x_i^2 - (\Sigma x_i)^2} = \frac{18 \times 28 - 6 \times 41}{6 \times 28 - 6^2} = 1.95$$

したがって，回帰直線 y_{est} は以下のようになる．

$$y_{\text{est}} = 1.045x + 1.95$$

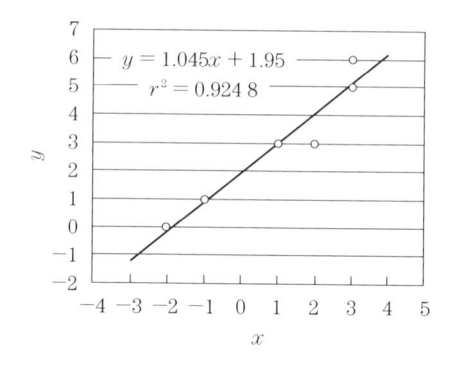

(2) **相関係数** (correlation) ρ は

$$\rho = \frac{s_{xy}}{s_x s_y} = \frac{4.6}{\sqrt{4.4} \times \sqrt{5.2}} = 0.96$$

相関係数 ρ は，$-1 \sim 1$ の値をとる。x_i の値と y_i の値のあいだに相関がまったくないときには，s_{xy} が 0 となるので，相関係数 ρ は 0 となる（このときには x_i と y_i が**無相関**という）。

一方，すべての標本が一直線上に来たときには[†]，右上がりの場合には $s_{xy} = s_x s_y$ で $\rho = 1$，右下がりの場合には $s_{xy} = -s_x s_y$ で $\rho = -1$ となる。

(3) ここで，以下に注意する。(II編**ハイレベル補足説明 3.5** 参照)

$$\underset{\substack{\uparrow \\ \text{全変動} \\ \text{total variation}}}{\sum (y_i - \bar{y})^2} = \underset{\substack{\uparrow \\ \text{非説明変動（残差変動）} \\ \text{unexplained variation}}}{\sum (y_i - y_{\text{est},i})^2} + \underset{\substack{\uparrow \\ \text{説明変動} \\ \text{explained variation}}}{\sum (y_{\text{est},i} - \bar{y})^2}$$

[†] はじめに定義より，$s_x^2 = \sum(x_i - \mu_x)^2$。
　一方，すべての標本が一直線上に来たときには $y_i = ax_i + b$, $\mu_y = a\mu_x + b$ なので，$y_i - \mu_y = a(x_i - \mu_x)$。これを用いると $s_y^2 = \sum(y_i - \mu_y)^2 = a^2 \sum(x_i - \mu_x)^2 = a^2 s_x^2$。また $s_{xy}^2 = \{\sum(x_i - \mu_x)(y_i - \mu_y)\}^2 = \{\sum(x_i - \mu_x) \cdot a(x_i - \mu_x)\}^2 = \{a\sum(x_i - \mu_x)^2\}^2 = \sum(x_i - \mu_x)^2 a^2 \sum(x_i - \mu_x)^2 = s_x^2 s_y^2$。したがって $r = s_{xy}^2/(s_x^2 s_y^2) = s_x^2 s_y^2/(s_x^2 s_y^2) = 1$

4. 曲線のあてはめ（回帰）と相関

$\Sigma(y_i - y_{\text{est},i})^2$ と $\Sigma(y_{\text{est},i} - \bar{y})^2$ を求める表

x_i	y_i	$y_{\text{est},i}$	$y_i - y_{\text{est},i}$	$(y_i - y_{\text{est},i})^2$	$y_{\text{est},i} - \bar{y}$	$(y_{\text{est},i} - \bar{y})^2$
-2.00	0.00	-0.14	0.14	0.02	-3.14	9.86
-1.00	1.00	0.91	0.09	0.01	-2.09	4.37
1.00	3.00	3.00	0.00	0.00	0.00	0.00
2.00	3.00	4.04	-1.04	1.08	1.04	1.08
3.00	5.00	5.09	-0.09	0.01	2.09	4.37
3.00	6.00	5.09	0.91	0.83	2.09	4.37

$\Sigma(y_i - y_{\text{est},i})^2 = 1.95$　$\Sigma(y_{\text{est},i} - \bar{y})^2 = 24.05$

（4）回帰曲線のばらつきを表す一つの**測度**†は，つぎのような量で表される。

$$S_{\text{error}}^2 = \Sigma(y_i - y_{\text{est},i})^2/(n-2) = 1.95/(6-2) = 0.4825$$

$$S_{\text{error}} = \sqrt{S_{\text{error}}^2} = \sqrt{0.4875} = 0.698$$

は，x の関数である y の推定値の**標準誤差**と呼ばれる。また，S_{error}^2 は推定値 y_i の標準誤差の2乗に関する不偏推定量である。

x の関数 y の回帰曲線に平行で，それぞれ縦軸方向の距離で S_{error}, $2S_{\text{error}}$, $3S_{\text{error}}$ ずつ回帰曲線と離れた線を仮定する。このとき，それぞれの線と回帰曲線とのあいだに，それぞれ約68％，95％，99.7％の確率で標本が存在する。このように，標準誤差は標準偏差に類似した特性をもつ。

（5）**決定係数**（coefficient of determination）r^2 について考える。r^2 は説明変動と全変動の比の値である。すなわち

$$r^2 = \frac{\text{説明変動 (explained variation)}}{\text{全変動 (total variation)}} = \frac{\Sigma(y_{\text{est},i} - \bar{y})^2}{\Sigma(y_i - \bar{y})^2} = \frac{\Sigma y_{\text{est},i}'^2}{\Sigma y_i'^2}$$

$$= \frac{\Sigma a^2 x_i'^2}{\Sigma y_i'^2} = a^2 \frac{\Sigma x_i'^2}{\Sigma y_i'^2} = \left(\frac{\Sigma x_i' y_i'}{\Sigma x_i'^2}\right)^2 \frac{\Sigma x_i'^2}{\Sigma y_i'^2}$$

$$= \frac{(\Sigma x_i' y_i')^2}{\Sigma x_i'^2 \Sigma y_i'^2} = \frac{S_{xy}^2}{S_x^2 S_y^2} = \rho^2$$

このように，決定係数 r^2 は，相関係数 ρ の二乗となっている。ただし

$$y_{\text{est},i}' = (ax_i + b) - (a\bar{x} + b) = a(x_i - \bar{x}) = ax_i'$$

---

† なんらかの特徴を表す測定量（一種の"ものさし"）。

$$a = \frac{n(\sum x_i y_i) - (\sum x_i)(\sum y_i)}{n\sum x_i^2 - (\sum x_i)^2}$$

$$= \frac{n(\sum x_i' y_i' + n\bar{x}\bar{y}) - (n\bar{x})(n\bar{y})}{n(\sum x_i'^2 + n\bar{x}^2) - (n\bar{x})^2}$$

$$= \frac{n\sum x_i' y_i'}{n\sum x_i'^2} = \frac{\sum x_i' y_i'}{\sum x_i'^2}$$

問 4.1

（1） 以下の標本に回帰曲線をあてはめよ．

x	-3	-2	0	1	1	2
y	0	1	3	3	4	6

（2） 決定係数を求めよ．

（3） 以下の関係を確認せよ．

全変動，非説明変動，説明変動は方程式の項 y_i, $y_{\text{est},i}$, $\bar{y}$ から得られる．

$$\sum(y_i - \bar{y})^2 = \sum(y_i - y_{\text{est},i})^2 + \sum(y_{\text{est},i} - \bar{y})^2$$

（4） x の関数 y の推定値の標準誤差を求めよ．

付表 数値表

1. 正規分布表

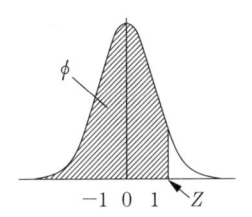

z から ϕ を求める表

z	*=0	1	2	3	4	5	6	7	8	9
0.0*	0.500 0	0.504 0	0.508 0	0.512 0	0.516 0	0.519 9	0.523 9	0.527 9	0.531 9	0.535 9
0.1*	0.539 8	0.543 8	0.547 8	0.551 7	0.555 7	0.559 6	0.563 6	0.567 5	0.571 4	0.575 3
0.2*	0.579 3	0.583 2	0.587 1	0.591 0	0.594 8	0.598 7	0.602 6	0.606 4	0.610 3	0.614 1
0.3*	0.617 9	0.621 7	0.625 5	0.629 3	0.633 1	0.636 8	0.640 6	0.644 3	0.648 0	0.651 7
0.4*	0.655 4	0.659 1	0.662 8	0.666 4	0.670 0	0.673 6	0.677 2	0.680 8	0.684 4	0.687 9
0.5*	0.691 5	0.695 0	0.698 5	0.701 9	0.705 4	0.708 8	0.712 3	0.715 7	0.719 0	0.722 4
0.6*	0.725 7	0.729 1	0.732 4	0.735 7	0.738 9	0.742 2	0.745 4	0.748 6	0.751 7	0.754 9
0.7*	0.758 0	0.761 1	0.764 2	0.767 3	0.770 4	0.773 4	0.776 4	0.779 4	0.782 3	0.785 2
0.8*	0.788 1	0.791 0	0.793 9	0.796 7	0.799 5	0.802 3	0.805 1	0.807 8	0.810 6	0.813 3
0.9*	0.815 9	0.818 6	0.821 2	0.823 8	0.826 4	0.828 9	0.831 5	0.834 0	0.836 5	0.838 9
1.0*	0.841 3	0.843 8	0.846 1	0.848 5	0.850 8	0.853 1	0.855 4	0.857 7	0.859 9	0.862 1
1.1*	0.864 3	0.866 5	0.868 6	0.870 8	0.872 9	0.874 9	0.877 0	0.879 0	0.881 0	0.883 0
1.2*	0.884 9	0.886 9	0.888 8	0.890 7	0.892 5	0.894 4	0.896 2	0.898 0	0.899 7	0.901 5
1.3*	0.903 2	0.904 9	0.906 6	0.908 2	0.909 9	0.911 5	0.913 1	0.914 7	0.916 2	0.917 7
1.4*	0.919 2	0.920 7	0.922 2	0.923 6	0.925 1	0.926 5	0.927 9	0.929 2	0.930 6	0.931 9
1.5*	0.933 2	0.934 5	0.935 7	0.937 0	0.938 2	0.939 4	0.940 6	0.941 8	0.942 9	0.944 1
1.6*	0.945 2	0.946 3	0.947 4	0.948 4	0.949 5	0.950 5	0.951 5	0.952 5	0.953 5	0.954 5
1.7*	0.955 4	0.956 4	0.957 3	0.958 2	0.959 1	0.959 9	0.960 8	0.961 6	0.962 5	0.963 3
1.8*	0.964 1	0.964 9	0.965 6	0.966 4	0.967 1	0.967 8	0.968 6	0.969 3	0.969 9	0.970 6
1.9*	0.971 3	0.971 9	0.972 6	0.973 2	0.973 8	0.974 4	0.975 0	0.975 6	0.976 1	0.976 7
2.0*	0.977 2	0.977 8	0.978 3	0.978 8	0.979 3	0.979 8	0.980 3	0.980 8	0.981 2	0.981 7
2.1*	0.982 1	0.982 6	0.983 0	0.983 4	0.983 8	0.984 2	0.984 6	0.985 0	0.985 4	0.985 7
2.2*	0.986 1	0.986 4	0.986 8	0.987 1	0.987 5	0.987 8	0.988 1	0.988 4	0.988 7	0.989 0
2.3*	0.989 3	0.989 6	0.989 8	0.990 1	0.990 4	0.990 6	0.990 9	0.991 1	0.991 3	0.991 6
2.4*	0.991 8	0.992 0	0.992 2	0.992 5	0.992 7	0.992 9	0.993 1	0.993 2	0.993 4	0.993 6
2.5*	0.993 8	0.994 0	0.994 1	0.994 3	0.994 5	0.994 6	0.994 8	0.994 9	0.995 1	0.995 2
2.6*	0.995 3	0.995 5	0.995 6	0.995 7	0.995 9	0.996 0	0.996 1	0.996 2	0.996 3	0.996 4
2.7*	0.996 5	0.996 6	0.996 7	0.996 8	0.996 9	0.997 0	0.997 1	0.997 2	0.997 3	0.997 4
2.8*	0.997 4	0.997 5	0.997 6	0.997 7	0.997 7	0.997 8	0.997 9	0.997 9	0.998 0	0.998 1
2.9*	0.998 1	0.998 2	0.998 2	0.998 3	0.998 4	0.998 4	0.998 5	0.998 5	0.998 6	0.998 6
3.0*	0.998 7	0.998 7	0.998 7	0.998 8	0.998 8	0.998 9	0.998 9	0.998 9	0.999 0	0.999 0

(例) $z=2.58$ に対する ϕ の値は,左の見出しの 2.5* の行(横方向)と,上の見出しの 8 の列(縦方向)の交わったところの値を読めば,0.995 1 となる。

2. t 分布表

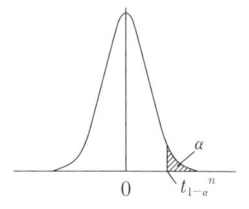

$t_{1-\alpha}{}^n$ の値を求めるための表 (α：有意水準 n：自由度)

n \ α	0.25	0.10	0.05	0.025	0.01	0.005
1	1.000	3.078	6.314	12.706	31.821	63.656
2	0.816	1.886	2.920	4.303	6.965	9.925
3	0.765	1.638	2.353	3.182	4.541	5.841
4	0.741	1.533	2.132	2.776	3.747	4.604
5	0.727	1.476	2.015	2.571	3.365	4.032
6	0.718	1.440	1.943	2.447	3.143	3.707
7	0.711	1.415	1.895	2.365	2.998	3.499
8	0.706	1.397	1.860	2.306	2.896	3.355
9	0.703	1.383	1.833	2.262	2.821	3.250
10	0.700	1.372	1.812	2.228	2.764	3.169
11	0.697	1.363	1.796	2.201	2.718	3.106
12	0.695	1.356	1.782	2.179	2.681	3.055
13	0.694	1.350	1.771	2.160	2.650	3.012
14	0.692	1.345	1.761	2.145	2.624	2.977
15	0.691	1.341	1.753	2.131	2.602	2.947
16	0.690	1.337	1.746	2.120	2.583	2.921
17	0.689	1.333	1.740	2.110	2.567	2.898
18	0.688	1.330	1.734	2.101	2.552	2.878
19	0.688	1.328	1.729	2.093	2.539	2.861
20	0.687	1.325	1.725	2.086	2.528	2.845
21	0.686	1.323	1.721	2.080	2.518	2.831
22	0.686	1.321	1.717	2.074	2.508	2.819
23	0.685	1.319	1.714	2.069	2.500	2.807
24	0.685	1.318	1.711	2.064	2.492	2.797
25	0.684	1.316	1.708	2.060	2.485	2.787
26	0.684	1.315	1.706	2.056	2.479	2.779
27	0.684	1.314	1.703	2.052	2.473	2.771
28	0.683	1.313	1.701	2.048	2.467	2.763
29	0.683	1.311	1.699	2.045	2.462	2.756
30	0.683	1.310	1.697	2.042	2.457	2.750
40	0.681	1.303	1.684	2.021	2.423	2.704
60	0.679	1.296	1.671	2.000	2.390	2.660
120	0.677	1.289	1.658	1.980	2.358	2.617

(例)　$t_{0.95}{}^{10} = 1.812$　……　自由度 $n = 10$, 有意水準 $\alpha = 0.05$ のときの t の値は 1.812

3. χ^2 分布表

$\chi_n^2(1-\alpha)$ の値を求めるための表 (α：有意水準　n：自由度)

α \ n	0.995	0.99	0.975	0.95	0.9	0.75	0.5	0.25	0.1	0.05	0.025	0.01	0.005
1	3.93×10⁻⁵	0.000 157	0.000 982	0.003 932	0.015 791	0.101 531	0.454 936	1.323 304	2.705 541	3.841 455	5.023 903	6.634 891	7.879 4
2	0.010 025	0.020 1	0.050 636	0.102 586	0.210 721	0.575 364	1.386 294	2.772 59	4.605 176	5.991 476	7.377 779	9.210 351	10.596 53
3	0.071 723	0.114 832	0.215 795	0.351 846	0.584 375	1.212 532	2.365 973	4.108 342	6.251 394	7.814 725	9.348 404	11.344 88	12.838 07
4	0.206 984	0.297 107	0.484 419	0.710 724	1.063 624	1.922 558	3.356 695	5.385 266	7.779 434	9.487 728	11.143 26	13.276 7	14.860 17
5	0.411 751	0.554 297	0.831 209	1.145 477	1.610 309	2.674 604	4.351 459	6.625 678	9.236 349	11.070 48	12.832 49	15.086 27	16.749 65
6	0.675 733	0.872 083	1.237 342	1.635 38	2.204 13	3.454 598	5.348 119	7.840 806	10.644 64	12.591 58	14.449 35	16.811 87	18.547 51
7	0.989 251	1.239 032	1.689 864	2.167 349	2.833 105	4.254 852	6.345 809	9.037 146	12.017 03	14.067 13	16.012 77	18.475 32	20.277 74
8	1.344 403	1.646 506	2.179 725	2.732 633	3.489 537	5.070 642	7.344 12	10.218 85	13.361 56	15.507 31	17.534 54	20.090 16	21.954 86
9	1.734 931	2.087 889	2.700 389	3.325 115	4.168 156	5.898 823	8.342 832	11.388 75	14.683 66	16.918 96	19.022 78	21.666 05	23.589 27
10	2.155 845	2.558 199	3.246 963	3.940 295	4.865 178	6.737 199	9.341 816	12.548 86	15.987 17	18.307 03	20.483 2	23.202 29	25.188 05
11	2.603 202	3.053 496	3.815 742	4.574 809	5.577 788	7.584 145	10.341	13.700 69	17.275 01	19.675 15	21.920 02	24.725 02	26.756 86
12	3.073 785	3.570 551	4.403 778	5.226 028	6.303 796	8.438 419	11.340 32	14.845 4	18.549 34	21.026 06	23.336 66	26.216 96	28.299 66
13	3.565 042	4.106 9	5.008 738	5.891 861	7.041 5	9.299 063	12.339 75	15.983 91	19.811 93	22.362 03	24.735 58	27.688 18	29.819 32
14	4.074 659	4.660 415	5.628 724	6.570 632	7.789 538	10.165 31	13.339 27	17.116 93	21.064 14	23.684 78	26.118 93	29.141 16	31.319 43
15	4.600 874	5.229 356	6.262 123	7.260 935	8.546 753	11.036 54	14.338 86	18.245 08	22.307 12	24.995 8	27.488 36	30.577 95	32.801 49
16	5.142 164	5.812 197	6.907 664	7.961 639	9.312 235	11.912 22	15.338 5	19.368 86	23.541 82	26.296 22	28.845 32	31.999 86	34.267 05
17	5.697 274	6.407 742	7.564 179	8.671 754	10.085 18	12.791 92	16.338 18	20.488 68	24.769 03	27.587 1	30.190 98	33.408 72	35.718 38
18	6.264 766	7.014 903	8.230 737	9.390 448	10.864 94	13.675 29	17.337 9	21.604 89	25.989 42	28.869 32	31.526 41	34.805 24	37.156 39
19	6.843 923	7.632 698	8.906 514	10.117 01	11.650 91	14.562	18.337 65	22.717 81	27.203 56	30.143 51	32.852 34	36.190 77	38.582 12
20	7.433 811	8.260 368	9.590 772	10.850 8	12.442 6	15.451 77	19.337 43	23.827 69	28.411 97	31.410 42	34.169 58	37.566 27	39.996 86
21	8.033 602	8.897 172	10.282 91	11.591 32	13.239 6	16.344 39	20.337 23	24.934 78	29.615 09	32.670 56	35.478 86	38.932 23	41.400 94
22	8.642 681	9.542 494	10.982 33	12.338 01	14.041 49	17.239 62	21.337 04	26.039 26	30.813 29	33.924 46	36.780 68	40.289 45	42.795 66
23	9.260 383	10.195 72	11.688 53	13.090 51	14.847 95	18.137 29	22.336 88	27.141 33	32.007 45	35.172 46	38.075 61	41.638 35	44.181 39
24	9.886 199	10.856 35	12.401 15	13.848 42	15.658 68	19.037 25	23.336 73	28.241 15	33.196 24	36.415 03	39.364 06	42.979 78	45.558 36
25	10.519 65	11.523 95	13.119 71	14.611 4	16.473 41	19.939 34	24.336 85	29.338 85	34.381 58	37.652 49	40.646 5	44.314 01	46.927 97
26	11.160 22	12.198 18	13.843 88	15.379 16	17.291 88	20.843 43	25.336 46	30.434 56	35.563 16	38.885 13	41.923 14	45.641 64	48.289 78
27	11.807 65	12.878 47	14.573 37	16.151 39	18.113 89	21.749 4	26.336 34	31.528 41	36.741 23	40.113 27	43.194 52	46.962 84	49.645 04
28	12.461 28	13.564 67	15.307 85	16.927 88	18.939 24	22.657 16	27.336 23	32.620 49	37.915 91	41.337 15	44.460 79	48.278 17	50.993 56
29	13.121 07	14.256 41	16.047 05	17.708 38	19.767 74	23.566 59	28.336 13	33.710 91	39.087 48	42.556 95	45.722 28	49.587 83	52.335 5
30	13.786 68	14.953 46	16.790 76	18.492 67	20.599 24	24.477 84	29.336 03	34.799 74	40.256 02	43.772 95	46.979 22	50.892 18	53.671 87
40	20.706 58	22.164 2	24.433 06	26.509 3	29.050 52	33.660 29	39.335 34	45.616 01	51.805 04	55.758 49	59.341 68	63.690 77	66.766 05
50	27.990 82	29.706 73	32.357 38	34.764 24	37.688 64	42.942 08	49.334 84	56.333 61	63.167 11	67.504 81	71.420 19	76.153 8	79.489 84
60	35.534 4	37.484 8	40.481 71	43.187 97	46.458 88	52.293 81	59.334 81	66.981 47	74.397	79.081 95	83.297 71	88.379 43	91.951 81
70	43.275 31	45.441 7	48.757 54	51.739 26	55.328 94	61.698 33	69.334 48	77.576 65	85.527 04	90.531 26	95.023 15	100.425 1	104.214 8
80	51.171 93	53.539 98	57.153 15	60.391 46	64.277 84	71.144 51	79.334 32	88.130 25	96.578 2	101.879 5	106.628 5	112.328 8	116.320 9
90	59.196 33	61.754 02	65.646 59	69.126 02	73.291 08	80.624 66	89.334 22	98.649 92	107.565	113.145 2	118.135 9	124.116 2	128.298 7
100	67.327 53	70.065	74.221 88	77.929 44	82.358 13	90.133 23	99.334 13	109.141 2	118.498	124.342 1	129.561 3	135.806 9	140.169 7

(例) 自由度 $n=10$, 有意水準 $\alpha=0.05$ のときの χ^2 の値は, $\chi_{10}^2(0.95) = 18.31$

4. F 分布表 (1)

$F_{0.95, n_1, n_2}$ の値を求めるための表 (n_1: 自由度 1, n_2: 自由度 2, α (有意水準): 0.05)

n_2 \ n_1	1	2	3	4	5	6	7	8	9	10	12	15	20	24	30	40	60	120
1	161.45	199.50	215.71	224.58	230.16	233.99	236.77	238.88	240.54	241.88	243.90	245.95	248.02	249.05	250.10	251.14	252.20	253.25
2	18.513	19.000	19.164	19.247	19.296	19.329	19.353	19.371	19.385	19.396	19.412	19.429	19.446	19.454	19.463	19.471	19.479	19.487
3	10.128	9.5521	9.2766	9.1172	9.0134	8.9407	8.8867	8.8452	8.8123	8.7855	8.7447	8.7028	8.6602	8.6385	8.6166	8.5944	8.5720	8.5494
4	7.7086	6.9443	6.5914	6.3882	6.2561	6.1631	6.0942	6.0410	5.9988	5.9644	5.9117	5.8578	5.8025	5.7744	5.7459	5.7170	5.6878	5.6581
5	6.6079	5.7861	5.4094	5.1922	5.0503	4.9503	4.8759	4.8183	4.7725	4.7351	4.6777	4.6188	4.5581	4.5272	4.4957	4.4638	4.4314	4.3985
6	5.9874	5.1432	4.7571	4.5337	4.3874	4.2839	4.2067	4.1468	4.0990	4.0600	3.9999	3.9381	3.8742	3.8414	3.8082	3.7743	3.7398	3.7047
7	5.5915	4.7374	4.3468	4.1203	3.9715	3.8660	3.7871	3.7257	3.6767	3.6365	3.5747	3.5107	3.4445	3.4105	3.3758	3.3404	3.3043	3.2674
8	5.3176	4.4590	4.0662	3.8379	3.6875	3.5806	3.5005	3.4381	3.3881	3.3472	3.2839	3.2184	3.1503	3.1152	3.0794	3.0428	3.0053	2.9669
9	5.1174	4.2565	3.8625	3.6331	3.4817	3.3738	3.2927	3.2296	3.1789	3.1373	3.0729	3.0061	2.9365	2.9005	2.8637	2.8259	2.7872	2.7475
10	4.9646	4.1028	3.7083	3.4780	3.3258	3.2172	3.1355	3.0717	3.0204	2.9782	2.9130	2.8450	2.7740	2.7373	2.6996	2.6609	2.6211	2.5801
11	4.8443	3.9823	3.5874	3.3567	3.2039	3.0946	3.0123	2.9480	2.8962	2.8536	2.7876	2.7186	2.6464	2.6090	2.5705	2.5309	2.4901	2.4480
12	4.7472	3.8853	3.4903	3.2592	3.1059	2.9961	2.9134	2.8486	2.7964	2.7534	2.6866	2.6169	2.5436	2.5055	2.4663	2.4259	2.3842	2.3410
13	4.6672	3.8056	3.4105	3.1791	3.0254	2.9153	2.8321	2.7669	2.7144	2.6710	2.6037	2.5331	2.4589	2.4202	2.3803	2.3392	2.2966	2.2524
14	4.6001	3.7389	3.3439	3.1122	2.9582	2.8477	2.7642	2.6987	2.6458	2.6022	2.5342	2.4630	2.3879	2.3487	2.3082	2.2663	2.2229	2.1778
15	4.5431	3.6823	3.2874	3.0556	2.9013	2.7905	2.7066	2.6408	2.5876	2.5437	2.4753	2.4034	2.3275	2.2878	2.2468	2.2043	2.1601	2.1141
16	4.4940	3.6337	3.2389	3.0069	2.8524	2.7413	2.6572	2.5911	2.5377	2.4935	2.4247	2.3522	2.2756	2.2354	2.1938	2.1507	2.1058	2.0589
17	4.4513	3.5915	3.1968	2.9647	2.8100	2.6987	2.6143	2.5480	2.4943	2.4499	2.3807	2.3077	2.2304	2.1898	2.1477	2.1040	2.0584	2.0107
18	4.4139	3.5546	3.1599	2.9277	2.7729	2.6613	2.5767	2.5102	2.4563	2.4117	2.3421	2.2686	2.1906	2.1497	2.1071	2.0629	2.0166	1.9681
19	4.3808	3.5219	3.1274	2.8951	2.7401	2.6283	2.5435	2.4768	2.4227	2.3779	2.3080	2.2341	2.1555	2.1141	2.0712	2.0264	1.9795	1.9302
20	4.3513	3.4928	3.0984	2.8661	2.7109	2.5990	2.5140	2.4471	2.3928	2.3479	2.2776	2.2033	2.1242	2.0825	2.0391	1.9938	1.9464	1.8963
21	4.3248	3.4668	3.0725	2.8401	2.6848	2.5727	2.4876	2.4205	2.3661	2.3210	2.2504	2.1757	2.0960	2.0540	2.0102	1.9645	1.9165	1.8657
22	4.3009	3.4434	3.0491	2.8167	2.6613	2.5491	2.4638	2.3965	2.3419	2.2967	2.2258	2.1508	2.0707	2.0283	1.9842	1.9380	1.8894	1.8380
23	4.2793	3.4221	3.0280	2.7955	2.6400	2.5277	2.4422	2.3748	2.3201	2.2747	2.2036	2.1282	2.0476	2.0050	1.9605	1.9139	1.8648	1.8128
24	4.2597	3.4028	3.0088	2.7763	2.6207	2.5082	2.4226	2.3551	2.3002	2.2547	2.1834	2.1077	2.0267	1.9838	1.9390	1.8920	1.8424	1.7896
25	4.2417	3.3852	2.9912	2.7587	2.6030	2.4904	2.4047	2.3371	2.2821	2.2365	2.1649	2.0889	2.0075	1.9643	1.9192	1.8718	1.8217	1.7684
26	4.2252	3.3690	2.9752	2.7426	2.5868	2.4741	2.3883	2.3205	2.2655	2.2197	2.1479	2.0716	1.9898	1.9464	1.9010	1.8533	1.8027	1.7488
27	4.2100	3.3541	2.9603	2.7278	2.5719	2.4591	2.3732	2.3053	2.2501	2.2043	2.1323	2.0558	1.9736	1.9299	1.8842	1.8361	1.7851	1.7307
28	4.1960	3.3404	2.9467	2.7141	2.5581	2.4453	2.3593	2.2913	2.2360	2.1900	2.1179	2.0411	1.9586	1.9147	1.8687	1.8203	1.7689	1.7138
29	4.1830	3.3277	2.9340	2.7014	2.5454	2.4324	2.3463	2.2782	2.2229	2.1768	2.1045	2.0275	1.9446	1.9005	1.8543	1.8055	1.7537	1.6981
30	4.1709	3.3158	2.9223	2.6896	2.5336	2.4205	2.3343	2.2662	2.2107	2.1646	2.0921	2.0148	1.9317	1.8874	1.8409	1.7918	1.7396	1.6835
40	4.0847	3.2317	2.8387	2.6060	2.4495	2.3359	2.2490	2.1802	2.1240	2.0773	2.0035	1.9245	1.8389	1.7929	1.7444	1.6928	1.6373	1.5766
60	4.0012	3.1504	2.7581	2.5252	2.3683	2.2541	2.1665	2.0970	2.0401	1.9926	1.9174	1.8364	1.7480	1.7001	1.6491	1.5943	1.5343	1.4673
120	3.9201	3.0718	2.6802	2.4472	2.2899	2.1750	2.0868	2.0164	1.9588	1.9105	1.8337	1.7505	1.6587	1.6084	1.5543	1.4952	1.4290	1.3519

(例) 自由度 $n_1 = 2$, 自由度 $n_2 = 5$, 有意水準 $\alpha = 0.05$ のときの $F_{0.95}^{2,5}$ の値は 5.79

5. F 分布表 (2)

$F_{0.99}{}^{n_1,n_2}$ の値を求めるための表 (n_1：自由度 1　n_2：自由度 2　α（有意水準）：0.01）

n_2 \ n_1	1	2	3	4	5	6	7	8	9	10	12	15	20	24	30	40	60	120
1	4052.2	4999.5	5403.5	5624.5	5764.0	5859.0	5928.3	5981.0	6022.4	6055.9	6106.7	6157.0	6208.7	6234.3	6260.4	6286.4	6313.0	6339.5
2	98.502	99.000	99.164	99.251	99.302	99.331	99.357	99.375	99.390	99.397	99.419	99.433	99.448	99.455	99.466	99.477	99.484	99.491
3	34.116	30.816	29.457	28.710	28.237	27.911	27.671	27.489	27.345	27.228	27.052	26.872	26.690	26.597	26.504	26.411	26.316	26.221
4	21.198	18.000	16.694	15.977	15.522	15.207	14.976	14.799	14.659	14.546	14.374	14.198	14.019	13.929	13.838	13.745	13.652	13.558
5	16.258	13.274	12.060	11.392	10.967	10.672	10.456	10.289	10.158	10.051	9.8883	9.7223	9.5527	9.4665	9.3794	9.2912	9.2020	9.1118
6	13.745	10.925	9.7796	9.1484	8.7459	8.4660	8.2600	8.1017	7.9760	7.8742	7.7183	7.5590	7.3958	7.3128	7.2286	7.1432	7.0568	6.9690
7	12.246	9.5465	8.4513	7.8467	7.4604	7.1914	6.9929	6.8401	6.7188	6.6201	6.4691	6.3144	6.1555	6.0743	5.9920	5.9084	5.8236	5.7373
8	11.259	8.6491	7.5910	7.0061	6.6318	6.3707	6.1776	6.0288	5.9106	5.8143	5.6667	5.5152	5.3591	5.2793	5.1981	5.1156	5.0316	4.9461
9	10.562	8.0215	6.9920	6.4221	6.0569	5.8018	5.6128	5.4671	5.3511	5.2565	5.1115	4.9621	4.8080	4.7290	4.6486	4.5667	4.4831	4.3977
10	10.044	7.5595	6.5523	5.9944	5.6364	5.3858	5.2001	5.0567	4.9424	4.8491	4.7058	4.5582	4.4054	4.3269	4.2469	4.1653	4.0819	3.9965
11	9.6461	7.2057	6.2167	5.6683	5.3160	5.0692	4.8860	4.7445	4.6315	4.5393	4.3974	4.2509	4.0990	4.0209	3.9411	3.8596	3.7761	3.6904
12	9.3303	6.9266	5.9525	5.4119	5.0644	4.8205	4.6395	4.4994	4.3875	4.2961	4.1553	4.0096	3.8584	3.7805	3.7008	3.6192	3.5355	3.4494
13	9.0738	6.7009	5.7394	5.2053	4.8616	4.6203	4.4410	4.3021	4.1911	4.1003	3.9603	3.8154	3.6646	3.5868	3.5070	3.4253	3.3413	3.2547
14	8.8617	6.5149	5.5639	5.0354	4.6950	4.4558	4.2779	4.1400	4.0297	3.9394	3.8002	3.6557	3.5052	3.4274	3.3476	3.2657	3.1813	3.0942
15	8.6832	6.3588	5.4170	4.8932	4.5556	4.3183	4.1416	4.0044	3.8948	3.8049	3.6662	3.5222	3.3719	3.2940	3.2141	3.1319	3.0471	2.9594
16	8.5309	6.2263	5.2922	4.7726	4.4374	4.2016	4.0259	3.8896	3.7804	3.6909	3.5527	3.4090	3.2587	3.1808	3.1007	3.0182	2.9330	2.8447
17	8.3998	6.1121	5.1850	4.6689	4.3360	4.1015	3.9267	3.7909	3.6823	3.5931	3.4552	3.3117	3.1615	3.0835	3.0032	2.9204	2.8348	2.7458
18	8.2855	6.0129	5.0919	4.5790	4.2479	4.0146	3.8406	3.7054	3.5971	3.5081	3.3706	3.2273	3.0771	2.9990	2.9185	2.8354	2.7493	2.6597
19	8.1850	5.9259	5.0103	4.5002	4.1708	3.9386	3.7653	3.6305	3.5225	3.4338	3.2965	3.1533	3.0031	2.9249	2.8442	2.7608	2.6742	2.5839
20	8.0960	5.8490	4.9382	4.4307	4.1027	3.8714	3.6987	3.5644	3.4567	3.3682	3.2311	3.0880	2.9377	2.8594	2.7785	2.6947	2.6077	2.5168
21	8.0166	5.7804	4.8740	4.3688	4.0421	3.8117	3.6396	3.5056	3.3982	3.3098	3.1729	3.0300	2.8795	2.8010	2.7200	2.6359	2.5484	2.4568
22	7.9453	5.7190	4.8166	4.3134	3.9880	3.7583	3.5866	3.4530	3.3458	3.2576	3.1209	2.9779	2.8274	2.7488	2.6675	2.5831	2.4951	2.4029
23	7.8811	5.6637	4.7648	4.2635	3.9392	3.7102	3.5390	3.4057	3.2986	3.2106	3.0740	2.9311	2.7805	2.7017	2.6202	2.5355	2.4471	2.3542
24	7.8229	5.6136	4.7181	4.2185	3.8951	3.6667	3.4959	3.3629	3.2560	3.1681	3.0316	2.8887	2.7380	2.6591	2.5773	2.4923	2.4035	2.3099
25	7.7698	5.5680	4.6755	4.1774	3.8550	3.6272	3.4568	3.3239	3.2172	3.1294	2.9931	2.8502	2.6993	2.6203	2.5383	2.4530	2.3637	2.2696
26	7.7213	5.5263	4.6365	4.1400	3.8183	3.5911	3.4210	3.2884	3.1818	3.0941	2.9578	2.8150	2.6640	2.5848	2.5026	2.4170	2.3273	2.2325
27	7.6767	5.4881	4.6009	4.1056	3.7847	3.5580	3.3882	3.2558	3.1494	3.0618	2.9256	2.7827	2.6316	2.5522	2.4699	2.3840	2.2938	2.1985
28	7.6357	5.4529	4.5681	4.0740	3.7539	3.5276	3.3581	3.2259	3.1195	3.0320	2.8959	2.7530	2.6018	2.5223	2.4397	2.3535	2.2629	2.1670
29	7.5977	5.4205	4.5378	4.0449	3.7254	3.4995	3.3303	3.1982	3.0920	3.0045	2.8686	2.7256	2.5742	2.4946	2.4118	2.3253	2.2344	2.1379
30	7.5624	5.3903	4.5097	4.0179	3.6990	3.4735	3.3045	3.1726	3.0665	2.9791	2.8431	2.7002	2.5487	2.4689	2.3860	2.2992	2.2079	2.1108
40	7.3142	5.1785	4.3126	3.8283	3.5138	3.2910	3.1238	2.9930	2.8876	2.8005	2.6648	2.5216	2.3689	2.2880	2.2034	2.1142	2.0194	1.9172
60	7.0771	4.9774	4.1259	3.6491	3.3389	3.1187	2.9530	2.8233	2.7185	2.6318	2.4961	2.3523	2.1978	2.1154	2.0285	1.9360	1.8363	1.7263
120	6.8509	4.7865	3.9491	3.4795	3.1735	2.9559	2.7918	2.6629	2.5586	2.4721	2.3363	2.1915	2.0346	1.9500	1.8600	1.7628	1.6557	1.5330

（例）　自由度 $n_1 = 2$, 自由度 $n_2 = 5$, 有意水準 $\alpha = 0.01$ のときの $F_{0.99}{}^{2,5}$ の値は 13.3

参 考 文 献

1) 石村園子：すぐわかる確率統計, 東京図書 (2001)
2) 大村　平：統計のはなし, 日科技連 (1969)
3) 答島一成, 新川健三：CD-ROM で学ぶ実用統計学講座, アドウィン (2000)
4) 国沢清典：確率統計演習 2 統計, 培風館 (1966)
5) Murray R. Spiegel : Schaum's Outline of Theory and Problems of Probability and Statistics SI (Metric) Edition, McGraw-Hill Book Company (1980)

問 題 の 解 答

Web ページ http://www.int.mach.mie-u.ac.jp/v に解答の詳細な説明および訂正情報等を公開していますのでご覧ください。

I．確 率（Probability）

1章

問 1.1 （1）$A = \{x|x \text{ は奇数の整数}, 2 \leqq x \leqq 8\}$，（2）$A = \{3, 5, 7\}$

問 1.2 略

問 1.3 $A \times B = \{(0, 2), (0, 3), (1, 2), (1, 3)\}$
$A \times B \times C = \{(0, 2, 0), (0, 3, 0), (1, 2, 0), (1, 3, 0), (0, 2, 1), (0, 3, 1), (1, 2, 1), (1, 3, 1)\}$

問 1.4 （1）48，（2）18

問 1.5 （1）5 040，（2）720，（3）288，（4）144，（5）144，（6）144，（7）576，（8）144

問 1.6 （1）40 320，（2）5 040，（3）1 152，（4）576，（5）1 152，（6）144，（7）1 152，（8）576

問 1.7 2 520

問 1.8 略

2章

問 2.1 （1）$A \cup B' = \{1, 2, 4, 5, 6\}$
（2）$A' \cap B' = \{1, 5\}$
（3）$A - B = \{2, 4\}$

問 2.2 $P(1) = 1/13$，$P(H) = 1/4$，$P(H') = 3/4$，$P(1 \cap H) = 1/52$，
$P(1 \cup H) = 4/13$，$P(1) + P(H) - P(1 \cap H) = 4/13$，
$P(1 \cup (1 \cap H)) = 1/13$，$P(1 \cap (1 \cap H)) = 1/52$，
$P(2 \cup (1 \cap H)) = 5/52$，$P(2 \cap (1 \cap H)) = 0$

問 2.3 $P(\text{高校生}|\text{男子}) = 1/4$，$P(\text{高校生}|\text{女子}) = 2/3$，$P(\text{大学生}|\text{女子}) = 1/3$
$P(\text{男子}|\text{大学生}) = 3/5$，$P(\text{女子}|\text{大学生}) = 2/5$，$P(\text{男子}|\text{高校生}) = 1/5$，

$P(女子|高校生) = 4/5$

問 2.4 （1）12/125, （2）1/10

問 2.5 2/15

問 2.6 $p(x_2, \omega_1) = 12/100$, $p(x_2, \omega_2) = 7/100$, $p(x_2) = 19/100$
$p(x_3, \omega_1) = 9/100$, $p(x_3, \omega_2) = 49/100$, $p(x_3) = 58/100$
$p(\omega_1|x_2) = 12/19$, $p(\omega_2|x_2) = 7/19$
$p(\omega_1|x_3) = 9/58$, $p(\omega_2|x_3) = 49/58$

問 2.7 $P(1|G) = 7/13$, $P(2|G) = 6/13$

3章

問 3.1 $P(0) = 1/16$, $P(1) = 1/4$, $P(2) = 3/8$, $P(3) = 1/4$, $P(4) = 1/16$

問 3.2 （1） $P(0) = 5/14$, $P(1) = 15/28$, $P(2) = 3/28$, $P(3) = 0$

（2） $F(x) = \begin{cases} 5/14 & (-\infty < x < 1) \\ 25/28 & (1 \leq x < 2) \\ 1 & (2 \leq x < 3) \\ 1 & (3 \leq x \leq \infty) \end{cases}$

問 3.3 $E[X] = 3/8$, $E[Y] = 5/2$, $E[2X+1] = 7/4$,
$E[2X+3Y] = 33/4$, $E[X^2] = 7/8$, $E[Y^2] = 13/2$,
$E[X^2 + Y^2] = 59/8$

問 3.4 （1） $P(x, y)$

y\x	0	1	10
0	0.89	0	0.008
2	0	0.1	0.002

（2） $E[X] = 0.2$, $E[Y] = 0.204$ より, $\mu_{X+Y} = E[X+Y] = 0.404$

（3） $\mu_{XY} = E[XY] = 0.24$

問 3.5 $\mu_X = 21/6$, $\mu_Y = 21/6$, $\mu_{X+Y} = 7$, $\sigma_X^2 = 35/12$, $\sigma_Y^2 = 35/12$,
$\sigma_{X+Y}^2 = 35/6$, $\mu_{XY} = 49/4$, $\sigma_{XY}^2 \fallingdotseq 80.0$

問 3.6 質量の平均：$3.14 \times 0.5^2 \times 75 \times 7.87 \fallingdotseq 463.35$
質量の分散：$(3.14 \times 0.5^2 \times 7.87)^2 \times 8.7 \fallingdotseq 332.05$

問 3.7
$$F(y) = \begin{cases} 0 & (-\infty \leq y < 0) \\ \int_0^y \frac{1}{2}\,dy = \frac{1}{2}y & (0 \leq y \leq 2) \\ 1 & (2 < y) \end{cases}$$

問 3.8　$\sigma_Y{}^2 = 1/3$

問 3.9　$\sigma_{X+Y}{}^2 = 1/2$

問 3.10　$\mu_X = 0,\ \sigma_X{}^2 = a^2/6,\ \mu_Y = 0,\ \sigma_Y{}^2 = a^3/3$

4 章

問 4.1　$P_X(0) = 16/81,\ P_X(1) = 32/81,\ P_X(2) = 24/81,\ P_X(3) = 8/81,$
$P_X(4) = 1/81,\ \mu_X = 4/3,\ \sigma_X{}^2 = 8/9$

問 4.2　（1）$P_b(X = 0) = 0.047\,55$
　　　　（2）$P_p(X = 0) = 0.049\,79$

問 4.3　$0.052\,7$

問 4.4　（1）$P(X \geq 80) = 0.022\,75$
　　　　（2）$P(X \leq 40) = 0.022\,75$

問 4.5　（1）$x_1 = 18.3$
　　　　（2）$x_2 = 3.94$
　　　　（3）$x_3 = 3.25,\ x_4 = 20.5$

問 4.6　（1）$T = \dfrac{\dfrac{Y-6}{\sqrt{16}}}{\sqrt{\left\{\left(\dfrac{X_1-3}{\sqrt{9}}\right)^2 + \left(\dfrac{X_2-3}{\sqrt{9}}\right)^2 + \left(\dfrac{X_3-3}{\sqrt{9}}\right)^2 + \left(\dfrac{X_4-3}{\sqrt{9}}\right)^2\right\}/4}}$

　　　　（2）$t_{0.95}{}^4 = 2.13$

問 4.7　$F_{0.95}{}^{3,4} = 6.59$

問 4.8　$F = \dfrac{\left\{\dfrac{(X_1-6)^2}{16} + \dfrac{(X_2-6)^2}{16}\right\}/2}{\left\{\dfrac{(Y_1-3)^2}{9} + \dfrac{(Y_2-3)^2}{9} + \dfrac{(Y_2-3)^2}{9}\right\}/3}$

II. 統 計（Statistics）

1 章

問 1.1　母集団：6 日間で製造されたすべての製品
　　　　標本：$60 = 6 \times 10$（選ばれた製品）

問 1.2　母集団：200 個のボール

標本：(取り出した) 5 個のボール
問1.3 $\bar{x} = 1\,894$, $s^2 = 5\,033.5$
問1.4 $\bar{x} = 169.0$, $s^2 = 51.026$

2章

問2.1 $18.899 \leq \mu \leq 19.301$
問2.2 $15.453 \leq \mu \leq 15.567$
問2.3 $0.021 \leq \sigma^2 \leq 0.212$, $0.131\,6 \leq \sigma^2 \leq 0.221\,0$

3章

問3.1 （1） $H_0 : \bar{X} = 200$, $H_1 : \bar{X} \neq 200$
$T = -2.07$, $-t_{1-0.05/2}^{6-1} = -t_{0.975}^{5} = -2.57$
$-t_{0.975}^{5} < T$ より，仮説 H_0 を受理する。
（2） $H_0 : \bar{X} = 200$, $H_1 : \bar{X} < 200$
$-t_{1-0.05}^{6-1} = -t_{0.95}^{5} = -2.02$
$T < -t_{0.95}^{5}$ より，仮説 H_0 を棄却する。

問3.2 （1） $H_0 : \mu_1 = \mu_2$, $H_1 : \mu_1 \neq \mu_2$
$T = 2.77$, $t_{1-0.01/2}^{40+30-2} = t_{0.995}^{68} = 2.65$
$t_{0.995}^{68} < T$ より，仮説 H_0 を棄却する。
（2） $H_0 : \mu_1 = \mu_2$, $H_1 : \mu_1 > \mu_2$
$t_{1-0.01}^{40+30-2} = t_{0.99}^{68} = 2.38$
$t_{0.99}^{68} < T$ より，仮説 H_0 を棄却する。

問3.3 （1） $H_0 : \sigma_1^2 = \sigma_2^2$, $H_1 : \sigma_1^2 \neq \sigma_2^2$, $F = 0.66$
$F_{1-\alpha/2}^{n_1-1, n_2-1} = 1.81$, $F_{\alpha/2}^{n_1-1, n_2-1} = 0.57$
$F_{0.05}^{39, 29} < 0.66 < F_{0.95}^{39, 29}$ より，H_0 を受理する。
（2） $H_0 : \sigma_1^2 = \sigma_2^2$, $H_1 : \sigma_1^2 < \sigma_2^2$
$F_{\alpha}^{n_1-1, n_2-1} = F_{0.05}^{39, 29} = 0.57$
$F_{0.05}^{39, 29} < 0.66$ より，H_0 を受理する。

問3.4 仮説 H_0：学生間に有意差がない
対立仮説 H_1：学生間に有意差がある
$$F = \frac{s_b^2}{s_w^2} = \frac{596}{109} = 5.47$$
F 分布の数表より，$F_{0.95}^{3, 8} = 4.07$
仮説 H_0 を棄却する（対立仮説 H_1 を受理する）。つまり学生間に有意差があるといえる。

問題の解答　*177*

問 3.5

変動	自由度	平均平方	検定統計量 F	パーセント点	
$v_r = 2$	$2 - 1 = 1$	$s_r^2 = 2/1$ $= 2$	s_r^2/s_e^2 $= 2/0.333 \fallingdotseq 6$	$F_{0.95}^{1,3}$ $= 10.1$	H_{01} を受理する
$v_c = 3$	$4 - 1 = 3$	$s_c^2 = 3/3$ $= 1$	s_c^2/s_e^2 $= 1/0.333 \fallingdotseq 3$	$F_{0.95}^{3,3}$ $= 9.27$	H_{02} を受理する
$v_e = 1$	$(2-1)(4-1)$ $= 3$	$s_e^2 = 1/3$ $\fallingdotseq 0.333$			

H_{01}：すべての行平均が等しい
H_{02}：すべての列平均が等しい

4章

問 4.1 （1） $y_\text{est} = 3.01 + 1.05x$，（2） $r^2 = 0.915$，（3） 略，
（4） $S_\text{error} = 0.70$

索　　　引

【い】

1因子実験　　　140, 153
因　子　　　140

【か】

カイ2乗 (χ^2) 分布　79, 81
回　帰　　　156
回帰曲線　　　161
回帰直線　　　161
回帰方程式　　　157
確　率　　　11
確率的変動　　150, 154, 155
確率変数　　　35
仮　説　　　119
片側検定　　　125
片すそ検定　　　125
カテゴリ　　　107
下方信頼限界　　　109
加法法則　　　15, 22
観測方程式　　　158
ガンマ関数　　　82, 93

【き】

棄　却
　　120, 121, 122, 129, 135
棄却領域　　　125
期待値　　　43
帰無仮説　　　119
境界値　　　120
行間平均平方　　140, 142
行間変動　　141, 149, 155
行効果　　　146
行内平均平方　　140, 142
行内変動　　　142

共分散　　　51
行平均　　　146

【く】

空事象　　　15
区間推定　　　109
組合せ　　　9
クラス　　　107
クラス間変動　　154, 155
クラス度数　　　107
クラス内変動　150, 154, 155

【け】

経験的確率　　　19
結合確率　　　15, 40
結合確率関数　　　44
結合法則　　　2
決定係数　　　165
検　定　　　96
検定統計量　　　119

【こ】

交換法則　　　2
誤　差　　　55, 146
誤差伝搬則　　　55
誤差変動　　　150
根元事象　　　11

【さ】

最小二乗直線　　　161
最小二乗法　　　161
サンプル　　　11

【し】

試　行　　　11

事　象　　　11, 13
集　合　　　1
従　属　　　40
自由度　　80, 85, 92, 113
受　理
　　120, 121, 122, 129, 135
順　列　　　5
条件つき確率　　　27
上方信頼限界　　　109
乗法法則　　　15, 25, 28
信頼区間　　　109
信頼係数　　　109
信頼限界　　　109

【す】

推定値　　　157
数学的確率　　　19
スチューデントの t 分布
　　83, 88

【せ】

正規分布　　　75
正規方程式　　　160
正規母集団　　　135
積事象　　　12
全平均　　　146
全変動　　142, 150, 155

【そ】

相　関　　　50
相関係数　　　164
測　度　　　165

【た】

大数の法則　　　20, 67

対立仮説		119

【ち】

中心極限定理		105
直積集合		5

【て】

伝搬		55

【と】

統計		11
統計的確率		19
統計的検定		119
統計的推論		101
統計量		102
独立		25
度数分布		107
ド・モルガン		2

【に】

2因子実験		145, 153
二項分布		63

【は】

場合		3
——の数		3
排反な事象		13
パーセント点		120, 122, 123

【ひ】

左側検定		120
標準化		83
標準誤差		165
標準偏差		47

標本		11
標本行効果		141, 147
標本行平均		141, 147
標本空間		12, 15
標本全平均		140, 147
標本抽出		11
標本点		12
標本分散		48, 102
標本平均		46, 102
標本列効果		148
標本列平均		148

【ふ】

フィッシャーの分布		94, 96
部分事象		13
不偏推定値		102
不偏推定量		102
不偏性		105
不偏分散		48, 105
分散		47
——の比の検定		134
分散分析		140
分配法則		2
分布関数		37

【へ】

平均		42
ベイズの定理		32
ベン図		2
変動		139

【ほ】

ポアソン分布		71
母集団		11

母数		66, 102
母分散の区間推定		113
母平均		103
——の検定		119
——の差の検定		128

【み】

右側検定		120

【む】

無限母集団		104
無相関		164

【ゆ】

有意性検定		119
有限母集団		104

【よ】

余事象		12
——の法則		15, 21

【り】

離散型確率関数		35, 36
両側検定		120
臨界値		120

【れ】

列間変動		149, 155
列効果		146
列平均		146
連続型確率変数		57

【わ】

和事象		12

【F】

F 分布		94, 96

【T】

t 分布		83, 85, 88

―― 著者略歴 ――

1976年　名古屋大学工学部機械学科卒業
1978年　名古屋大学大学院博士課程前期課程修了
　　　　（機械工学および機械工学第2専攻）
1978年
〜90年　日本電信電話株式会社勤務
1987年　工学博士（東京工業大学）
1990年　名古屋大学助教授
1997年　三重大学教授
　　　　現在に至る

図解　確率・統計入門
Introduction to Probability and Statistics　　　© Yoshihiko Nomura 2004

2004年10月28日　初版第1刷発行
2014年 8月15日　初版第5刷発行

		のむら　　よしひこ
検印省略	著　者	野　村　由　司　彦
	発行者	株式会社　コロナ社
		代表者　牛来真也
	印刷所	三美印刷株式会社

112-0011　東京都文京区千石4-46-10
発行所　株式会社　コ ロ ナ 社
CORONA PUBLISHING CO., LTD.
Tokyo　Japan
振替 00140-8-14844・電話(03)3941-3131(代)
ホームページ http://www.coronasha.co.jp

ISBN 978-4-339-06074-4　　（横尾）　　（製本：愛千製本所）
Printed in Japan

本書のコピー，スキャン，デジタル化等の無断複製・転載は著作権法上での例外を除き禁じられております。購入者以外の第三者による本書の電子データ化及び電子書籍化は，いかなる場合も認めておりません。

落丁・乱丁本はお取替えいたします

自然言語処理シリーズ

(各巻A5判)

■監修　奥村　学

配本順			頁	本体
1.(2回)	言語処理のための機械学習入門	高村大也著	224	2800円
2.(1回)	質問応答システム	磯崎・東中 永田・加藤 共著	254	3200円
4.(4回)	機械翻訳	渡辺太郎他著	328	4200円
5.(3回)	特許情報処理：言語処理的アプローチ	藤井・谷川 岩山・難波 山本・内山 共著	240	3000円

以下続刊

3.	情報抽出	関根聡著	6.	Web言語処理	奥村学著
7.	対話システム	中野幹生他著	8.	トピックモデルによる統計的潜在意味解析	佐藤一誠著
9.	構文解析	鶴岡慶雅他著			

並列処理シリーズ

(各巻A5判，欠番は品切です)

■編集委員長　萩原　宏
■編集委員　柴山　潔・高橋義造・都倉信樹・富田眞治

配本順			頁	本体
1.(1回)	並列処理概説	渡辺勝正著	218	2500円
2.(2回)	並列計算機アーキテクチャ	奥川峻史著	190	2500円
3.(10回)	命令レベル並列処理 ―プロセッサアーキテクチャとコンパイラ―	安藤秀樹著	240	3200円
5.(9回)	算術演算のVLSIアルゴリズム	髙木直史著	202	2400円
7.(7回)	並列オペレーティングシステム	福田晃著	212	2800円
9.(11回)	並列数値処理 ―高速化と性能向上のために―	金田康正編著	272	3800円
10.(3回)	並列記号処理	柴山潔著	244	3200円
11.(6回)	分散人工知能	石田亨 片桐恭弘 桑原和宏 共著	206	2600円
13.(8回)	並列画像処理	美濃導彦著	250	3300円
16.(5回)	共有記憶型並列システムの実際	鈴木則久 清水茂 山内長承 共著	220	2900円

以下続刊

4.	並列アルゴリズムと分散アルゴリズム	萩原兼一 増澤利光 共著	6.	並列プログラミング	牛島和夫 程京徳 共著
8.	並列処理ワークステーションとその応用	末吉敏則著	12.	並列データベース処理	
15.	マルチプロセッサシステム	中島浩著			

定価は本体価格+税です。
定価は変更されることがありますのでご了承下さい。

◆図書目録進呈◆

コンピュータサイエンス教科書シリーズ

(各巻A5判)

■編集委員長　曽和将容
■編集委員　　岩田　彰・富田悦次

配本順			頁	本体
1. (8回)	情報リテラシー	立花康夫／曽春日秀／将容雄 共著	234	2800円
4. (7回)	プログラミング言語論	大山口通夫／五味弘 共著	238	2900円
5. (14回)	論理回路	曽和将容／範公司 共著	174	2500円
6. (1回)	コンピュータアーキテクチャ	曽和将容 著	232	2800円
7. (9回)	オペレーティングシステム	大澤範高 著	240	2900円
8. (3回)	コンパイラ	中田育男 監修／中井央 著	206	2500円
10. (13回)	インターネット	加藤聰彦 著	240	3000円
11. (4回)	ディジタル通信	岩波保則 著	232	2800円
13. (10回)	ディジタルシグナルプロセッシング	岩田彰 編著	190	2500円
15. (2回)	離散数学 ─CD-ROM付─	牛島和夫 編著／相利民／朝廣雄一 共著	224	3000円
16. (5回)	計算論	小林孝次郎 著	214	2600円
18. (11回)	数理論理学	古川康一／向井国昭 共著	234	2800円
19. (6回)	数理計画法	加藤直樹 著	232	2800円
20. (12回)	数値計算	加古孝 著	188	2400円

以下続刊

2.	データ構造とアルゴリズム	伊藤大雄 著	3.	形式言語とオートマトン	町田元 著
9.	ヒューマンコンピュータインタラクション	田野俊一 著	12.	人工知能原理	嶋田・加納 共著
14.	情報代数と符号理論	山口和彦 著	17.	確率論と情報理論	川端勉 著

定価は本体価格+税です。
定価は変更されることがありますのでご了承下さい。

図書目録進呈◆